여행은 꿈꾸는 순간, 시작된다

여행 준비
체크리스트

D-90	여권 발급, 항공권 구입	☐ 여권 발급 또는 유효기간 확인 ☐ 항공사 및 항공권 비교 애플리케이션 다운로드 ☐ 항공권 가격 비교 후 발권하기
D-70	동행 구하기, 일정과 예산 짜기	☐ 몽골 여행 온라인 커뮤니티에서 동행 구하기 ☐ 여행 일수와 목적에 맞춰 구체적인 일정 짜기 ☐ 하루 경비 및 비상금을 포함한 예산 짜기
D-60	여행사 예약	☐ 사업자등록증, 인솔자 자격증 보유한 회사 탐색 ☐ 여행사에 견적 요청하기 ☐ 예약금 입금 후 여행 일정 확정하기
D-40	숙소 예약, 비자 발급	☐ 숙소 예약 애플리케이션 다운 받기 ☐ 여행 일정과 예산에 맞춰 숙소 예약하기 ☐ 90일 이상 장기 체류 예정이라면 비자 발급하기
D-20	준비물 확인	☐ 몽골 여행 준비물 P.098을 참고하여 체크리스트 만들기 ☐ 필요한 소재, 모양 등을 고려하여 침낭 결정하기 ☐ 별 사진 촬영을 위한 카메라 및 장비 탐색하기
D-10	여행자 보험 가입, 면세점 쇼핑	☐ 여행자 보험 가입하기 ☐ 할인 혜택 확인 후 면세점 쇼핑하기
D-5	짐 꾸리기	☐ 기내 반입 불가 물품은 트렁크에 넣기 ☐ 여권, 항공권, 여행 일정서, 여행자 보험 증명서 사본 준비 ☐ 첫날 현지에서 환전할 원화 또는 체크카드 준비하기
D-DAY	출국하기	☐ 여권 및 항공권 등 필수 서류 다시 체크하기 ☐ 비행기 출발 3시간 전에 공항 도착하기 ☐ 미처 준비 못한 상비약, 자물쇠 등 구매하기

여행 준비물
체크리스트

필수 준비물

- ☐ 여권(유효기간 6개월 이상)
- ☐ 여권 사본, 사진
- ☐ 항공권(E-Ticket)
- ☐ 바우처(호텔, 현지 투어 등)
- ☐ 현금
- ☐ 해외여행용 체크(신용)카드
- ☐ 각종 증명서(여행자 보험, 국제운전면허증 등)

기내 용품

- ☐ 볼펜(입국신고서 작성용)
- ☐ 수면 안대
- ☐ 목베개
- ☐ 귀마개
- ☐ 가이드북, 영화, 드라마 등 볼거리
- ☐ 수분 크림, 립밤

전자 기기

- ☐ 노트북 등 전자 기기
- ☐ 각종 충전기
- ☐ 보조 배터리
- ☐ 카메라, 셀카봉
- ☐ 포켓 와이파이, 유심칩
- ☐ 멀티어댑터

의류 & 신발

- ☐ 바람막이 & 경량 패딩
- ☐ 속옷
- ☐ 잠옷
- ☐ 양말
- ☐ 슬리퍼
- ☐ 하이킹용 편한 신발
- ☐ 보조 가방

세면도구 & 화장품

- ☐ 치약 & 칫솔
- ☐ 면도기
- ☐ 샴푸 & 린스
- ☐ 바디워시
- ☐ 선크림
- ☐ 화장품
- ☐ 클렌징 제품

기타 용품

- ☐ 침낭
- ☐ 지퍼백, 비닐 봉투
- ☐ 간식
- ☐ 벌레 퇴치제 & 탈취제
- ☐ 비상약
- ☐ 우산
- ☐ 휴지, 물티슈
- ☐ 핫 팩

출국 전 최종 점검 사항

① 여권 확인

② 항공권의 출국 공항 터미널 확인

③ 위탁수하물 캐리어 크기 및 무게 측정
   (항공사별로 다르므로 홈페이지에서 미리 확인)

④ 기내 반입 불가 품목 확인

⑤ 포켓 와이파이, 유심 등 수령 장소 확인

리얼
몽골

여행 정보 기준

이 책은 2025년 2월까지 수집한 바탕으로 만들었습니다.
정확한 정보를 싣고자 노력했지만, 여행 가이드북의 특성상
책에서 소개한 정보는 현지 사정에 따라 수시로 변경될 수 있습니다.
변경된 정보는 개정판에 반영해 더욱 실용적인 가이드북을 만들겠습니다.

한빛라이프 여행팀 ask_life@hanbit.co.kr

리얼 몽골

초판 발행 2022년 7월 20일
개정판 1쇄 2025년 3월 28일

지은이 강한나 / **펴낸이** 김태헌
총괄 임규근 / **팀장** 고현진 / **책임편집** 정은영 / **디자인** 천승훈 / **지도·일러스트** 조민경
영업 문윤식, 신희용, 조유미 / **마케팅** 신우섭, 손희정, 박수미, 송수현 / **제작** 박성우, 김정우 / **전자책** 김선아

펴낸곳 한빛라이프 / **주소** 서울시 서대문구 연희로2길 62 한빛빌딩
전화 02-336-7129 / **팩스** 02-325-6300
등록 2013년 11월 14일 제25100-2017-000059호
ISBN 979-11-94725-01-5 14980, 979-11-85933-52-8 14980(세트)

한빛라이프는 한빛미디어(주)의 실용 브랜드로 우리의 일상을 환히 비추는 책을 펴냅니다.

이 책에 대한 의견이나 오탈자 및 잘못된 내용은 출판사 홈페이지나 아래 이메일로 알려주십시오.
파본은 구매처에서 교환하실 수 있습니다. 책값은 뒤표지에 표시되어 있습니다.

한빛미디어 홈페이지 www.hanbit.co.kr / 이메일 ask_life@hanbit.co.kr
블로그 blog.naver.com/real_guide_ / 인스타그램 @real_guide_

지금 하지 않으면 할 수 없는 일이 있습니다.
책으로 펴내고 싶은 아이디어나 원고를 메일(writer@hanbit.co.kr)로 보내주세요.
한빛라이프는 여러분의 소중한 경험과 지식을 기다리고 있습니다.

몽골을 가장 멋지게 여행하는 방법

리얼 몽골

강한나 지음

한빛라이프

마음껏 사랑하기에
충분한 몽골

미세 먼지 없는 푸른 하늘, 광활한 초원, 황금빛 사막, 한없이 맑은 호수까지. 몽골을 여행해야 할 이유는 셀 수 없이 많다. '빨리 빨리' 문화에 익숙한 한국인에게 몽골 여행은 다소 답답하게 느껴질지도 모른다. 하지만 몽골에서 지내는 시간이 막상 찾아오면 곧 그곳의 느긋한 매력에 흠뻑 빠져, 카메라와 스마트폰을 잠시 내려놓고 자연을 즐기는 자신을 발견하리라 믿는다.

지난 7년간 최소 20,000km 이상의 오프로드를 달렸다. 대학원을 갓 졸업하고 떠난 몽골 첫 취재. 당시 대학생이었던 동생과 단둘이 좌충우돌 맞섰던 일명 '뚝딱이 시절'에는 그저 경이로운 몽골의 풍경에 적응하기 바빴다. 2년에 걸친 여러 시행착오를 끝으로 막바지 작업을 위해 홀로 겨울의 몽골을 찾았을 때는 예기치 못한 코로나19 바이러스로 팬데믹이 온 세상을 뒤덮기도 했다. 영하 30도에 육박하는 몽골 동부의 어느 통나무집에서 혼자 덩그러니 갇혀 오도 가도 못하는 상황. 매일 땔감을 구해 장작을 패고 우물물을 길어 살아남았던 그해 겨울은 내 인생에서 가장 혹독한 계절이었다.

그러다가도 다시 봄은 찾아왔다. 어느덧 혼자가 아닌 둘이 되어, 무려 '신혼여행'으로 다시 몽골을 찾았다. 그동안 집돌이 성향이었던 남편 상욱 씨는 드론 지도자 자격증까지 취득해 모든 일정을 함께 소화했고, 태어나보니 엄마가 몽골 여행작가였던 아들 율이는 생후 10개월부터 함께 초원을 달렸다. 지난달에는 28개월이 된 기념으로 왕복 1,200km 코스의 다소 험난한 고비 사막 여행을 마쳤다.

이렇게 전국 방방곡곡을 다녔는데도 아직 공부할 것들이 무궁무진하다. 몽골을 처음 접하는 여행자라면 광활한 고비 사막과 초원만을 떠올리겠지만, 생각보다 다양한 자연환경과 유목민족, 동물, 그리고 놀라울 정도로 멋진 전통이 이처럼 광활한 대자연 위에 살아 숨쉬고 있다.

내가 경험한 몽골을 이 책 한 권에 오롯이 담기 위해 계절마다 각 지역의 유목민을 만났고, 그들의 전통을 온몸으로 배웠다. 생애 처음으로 타국 가족과 함께 명절을 보냈으며, 도시에서는 세계 각국에서 온 여행자들과 밤새 보드카 잔을 기울이며 몽골의 구석구석을 색칠해 나갔다. 인터넷 연결이 안 될 뿐 아니라 도로조차 없는 몽골의 광활한 초원과 사막을 달리며 지도를 그렸고, 몽골 문헌과 해외 정보 사이트를 샅샅이 살폈지만 어디에도 정보가 없을 때는 몸으로 직접 부딪쳤다.

현지에서 직접 들은 몽골 곳곳에 숨겨진 이야기, 많은 시행착오를 거치며 얻은 정보는 오직 〈리얼 몽골〉에만 있는 팁이다. 몽골어는 세계에서 소수 언어로 분류된다. 특히 사전조차 음성 지원 서비스를 제공하지 않아 현지 원어에 가깝게 기재하기가 다소 어려웠다. 이런 문제점은 현지 지인들의 도움을 받아 보완하려 노력했다. 이렇듯 직접 발로 뛰며 얻은 생생한 정보들이 여행을 앞둔 독자들께 작게나마 도움이 되길 바란다.

강한나 새로운 세계에 대한 탐구를 참 좋아하는 사람. 2014년 첫 해외 경험으로 시베리아 횡단열차에 오른 것을 계기로 6년간 러시아 전역을 구석구석 탐방했다. 개인 블로그에 '시베리아 횡단 여행기'를 연재하며 글을 쓰기 시작했으며, 2018년 〈리얼 블라디보스톡〉을 펴낸 후 몽골을 비롯해 유럽 대륙, 미국 등 세계의 여러 도시를 천천히 걸었다. 현재는 사단법인 한국여행작가협회 홍보이사로 활동하며 여행 경험을 나누고 있다.

메일 hnk2530@naver.com **인스타그램** instagram.com/hannakang_k
블로그 blog.naver.com/hnk2530 **유튜브** 유랑한나 youtube.com/c/uranghanna

여행 코스가 쉬워지는
몽골 지역 구분

너무나 광대한 면적에 발음하기도 어려운 생소한 지명이 가득한 몽골. 처음 방문하는 여행자라면 동선을 구상하기 막막하기만 하다. 이때 아래 지역 구분을 참고한다면, 몽골의 여행 코스를 구상하기 한결 쉬워진다.

STEP 01 몽골을 다섯 개 지역으로 구분

〈리얼 몽골〉은 몽골의 핵심 여행지인 울란바토르, 테렐지 국립공원, 몽골 남부(고비 사막), 몽골 중부·북부(홉스골), 서부(타왕복드)를 소개한다. 울란바토르에서는 도시 여행, 테렐지 국립공원에서는 힐링 여행, 고비 사막과 홉스골, 타왕복드에서는 각각 사막과 호수, 설산을 중심으로 테마 여행을 즐길 수 있다.

STEP 02 울란바토르는 세 개 지역으로 구분

몽골의 수도 울란바토르는 세 개 지역으로 구분했다. 랜드마크가 가득한 중심부와 불교 문화재가 많은 서남부, 그리고 현지 분위기가 가장 물씬 풍기는 동부로 나뉜다.

STEP 03 특별한 지역은 리얼가이드에서 소개

특별한 여행지는 리얼 가이드북만의 특별한 콘텐츠가 담긴 '리얼 가이드'를 통해 선보인다. 테렐지 국립공원 인근의 13세기 마을 테마 공원, 쳉헤르 온천 지역, 홉스골 호수 등을 다룬다.

지도가 한눈에 들어오는
구글 지도 활용

일러두기

- 이 책에 나오는 외국어의 한글 표기는 국립국어원의 외래어 표기법을 따랐습니다. 단, 관용적 표기나 현지 발음과 동떨어진 경우에는 예외를 두었습니다.
- 휴무일은 정기 휴일을 기준으로 작성했습니다.
- 요금 정보는 성인을 기준으로 했으며, 숙박 시설의 요금은 일반 객실 요금을 기준으로 정리했습니다. 일부 요금은 현지 상황을 고려하여 달러로 표기했습니다.

구글 지도 QR코드

책에 들어간 각 지도에는 구글지도로 연동할 수 있는 QR코드를 넣었습니다. 스마트폰으로 QR코드를 스캔하면 이 책에서 소개하는 명소·식당·술집·상점 등이 표시되어 있는 구글지도를 살펴볼 수 있습니다.

울란바토르 중심부 상세 지도

★QR 코드를 인식해보세요.

루트 22 레스토랑 앤 와인 라운지 **04**
안주나 북 앤 아트 카페 **01**

MG 맛

01

아이콘

📷 명소	🍴 식당	🍷 카페·주점	🎁 상점
🚶 가는 방법	₮ 요금	🍴 추천 메뉴	🕐 운영 시간
🏠 홈페이지	📞 전화번호	📶 구글 지도 GPS	

CONTENTS
목차

CONTENTS

PART 01

한눈에 보는
몽골

맞춤형 몽골 여행 코스 컨설팅

CONTENTS
목차

CONTENTS
목차

우리를 부르는
몽골 여행의 장면들

Scene 1

황금빛 모래사막 위를 낙타와 함께 걷는 여정
▶고비 사막(홍고린 엘스)

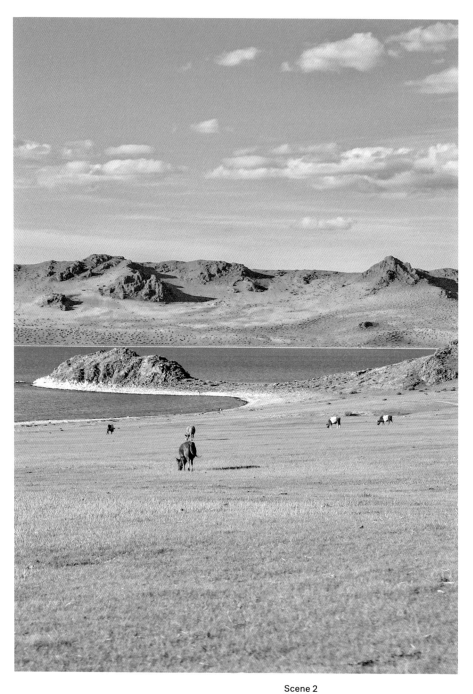

Scene 2

몽골 서부를 수놓는 사막 속의 오아시스
▶자브항, 울라흐치 하르 호수

Scene 3
설산을 비춘 거울처럼 맑고 투명한 호수와 주변 마을
▶ 홉스골, 장하이 마을

Scene 4
장엄한 다섯 개의 봉우리 사이를 걷는 빙하 트레킹
▶ 타왕복드, 포타닌 빙하

Scene 5

칭기즈칸의 발자취를
따라서 걷는 여행
▶ 수흐바타르 광장, 칭기즈칸 동상 박물관

Scene 6

온 세상이 새하얀 눈으로 뒤덮인 몽골의 겨울
▶ 테렐지 국립공원

Scene 7

일렁이는 별들의 파도, 은하수를 찾아서
▶ 고비 사막, 홉스골

PART

01

한눈에 보는 몽골

MONGOLIA

홉스골 •

🚗 1,000Km

타왕복드
•

🚗
1,900km

몽골

고비 사막 • 🚗 800Km

중국

한국에서 단 세 시간 사십 분. 아시아에서 가장 거대한 사막을 품은 남부,
다채로운 레저를 즐길 수 있는 몽골 북부와 서부까지!
천혜의 자연이 매력을 뽐내는 도시들을 알아보자.

러시아

60Km • 테렐지 국립공원
🚐
• 울란바토르

러시아

칭기즈칸 국제공항

몽골

3시간 40분 ✈

• 인천 국제공항
대한민국

중국

이색 정보가 한가득
숫자로 보는 몽골

아시아에서 네 번째로 큰 땅을 가진 몽골. 지평선이 보이는 끝없는 초원과 유목민, 아시아에서 가장 큰 사막까지
이색적인 풍경과 체험거리로 가득하다. 몽골의 다양한 매력을 숫자로 살펴보자.

면적

몽골의 국토 면적은 한국의 약 15배에 이른다. 아시아에서 네 번째로 큰 국가이자 세계에서 두 번째로 큰 내륙국으로 통한다.

인구

350만

몽골의 인구 밀도는 세계에서 가장 낮다. 제곱킬로미터당 1.92명이 거주하는데, 서울을 포함한 우리나라 인구 밀도가 제곱킬로미터당 500명대라는 점을 고려하면 차이가 매우 크다. 또, 몽골 전체 국민의 절반 정도가 수도 울란바토르에 거주한다.

게르 짓는 시간

유목민이 거주하는 몽골 전통 가옥 게르는 몽골의 성인 두세 명이 한 시간 이내에 조립할 수 있고 30분 이내에 분해할 수 있다.

1h

3000만

40m

칭기즈칸 동상 높이

몽골의 랜드마크, 칭기즈칸 동상의 높이. 세계에서 가장 큰 기마상이다.

몽골 5대 가축 수

몽골의 5대 가축은 양, 염소, 소, 말, 낙타를 말한다. 그중 개체수가 가장 많은 가축은 양으로 약 3,000만 마리에 이른다.

1923년

공룡알 화석 발견 연도

미국인 탐험가 로이 채프먼 앤드루스는 몽골 바양작에서 1923년 세계 최초로 공룡알 화석을 발견했다. 이후 몽골 고비 지역에서 7,000만 년 전 공룡화석이 대거 발견되었다.

20t

262m

380km

홉스골 호수 수심

홉스골 호수는 중앙아시아에서 가장 깊은 담수호다. 면적은 2,760제곱킬로미터, 둘레는 380킬로미터에 이른다. 또, 홉스골 호수는 몽골 담수의 70퍼센트, 세계 담수의 0.4퍼센트를 차지한다.

관세음보살 불상 무게

몽골을 대표하는 몽골 불교사원인 간단 사원의 명물 관세음보살 불상의 무게는 20톤에 이른다. 26.5미터 규모의 대형 불상으로 중앙아시아에서 가장 크다.

1600km

고비 사막 길이

고비 사막은 지구상에서 가장 북쪽에 위치한 사막으로 아시아에서 규모가 가장 크다.

몽골 종단 철도 길이

몽골 종단 철도는 몽골을 남북으로 종단하며, 중국과 러시아, 몽골의 각 도시를 경유한다.

2215km

알아두면 쓸모 있는
몽골 기본 정보

수도
울란바토르

전체 국민의 절반인 약 170만 명이 거주하는 몽골의 수도이자 최대 도시. 울란바토르는 몽골어로 '붉은 영웅'을 뜻한다. 러시아와 중국을 연결하는 몽골 횡단 철도의 중심이기도 하다.

통화
투그릭

몽골 통화는 투그릭으로 기호는 "₮"를 사용한다. 동전은 유통되지 않고, 지폐만 사용하는 점이 특징이다. 환율은 한화 1,000원이 2,400투그릭 정도(2025년 2월 기준 1투그릭 =0.42원). P.112

1,000₩ = 2,400₮

여행 비자
90일

2022년 6월 1일부터 한국인은 무비자로 90일까지 몽골에 체류할 수 있다(2025년 12월 31일까지 한시적 시행 후 연장 여부 결정). P.089

시차
-1시간

몽골과 한국의 시차는 한 시간. 서울이 오전 9시일 때 몽골은 오전 8시다.

" "

사용하는 통화의 가치는 어느 정도인지, 한국과 시차는 얼마인지 처음 방문하는 여행자에게는
하나부터 열까지 모두 생소하다. 여행 시작 전에 몽골의 기본 생활 정보를 꼭 숙지하자.

" "

전압
우리나라와 동일

몽골의 전압은 220볼트(v)로 우리나라와 동일하다. 몽
골의 주파수는 50헤르츠(Hz)로 우리나라에서 사용하는
60헤르츠보다 낮지만, 전압이 동일하기에 별도의 변압기
없이 국내 전자제품을 사용하더라도 무방하다. 콘센트
역시 우리나라와 동일한 2구 콘센트를 사용한다.

전화
국번 976

한국에서 몽골로 전화 걸 때는 국제 전화 서비스 번호를
누른 후, 몽골의 국가번호 976과 전화번호 또는 휴대폰
번호를 차례로 누른다.

기후
건성냉대기후

몽골은 사계절이 있지만 겨울이 6개월 정도로 길
다. 일부 지역은 겨울에 영하 40도까지 내려가며
여름에는 햇볕이 매우 강하다. 고비 사막의 영향으
로 매우 건조하며 평균 연강수량은 388밀리미터.

치안
비교적 양호

수도 울란바토르의 유명 관광지나 백화점, 시장 근
처에서는 소매치기를 조심하자. 다른 도시들은 수
도에 비해 치안 상태가 비교적 양호하다.

+976

TIP
주 몽골 대한민국 대사관
· 대표전화(업무시간 내) +976-7007-1020
· 긴급연락처(24시간) +976-9911-4119
· 영사과 비자 +976-7007-1030, 여권 +976-7007-1032

매너 있는 여행자를 위한
몽골 문화와 에티켓

원활한 몽골 여행을 위해 알아둬야 할 몽골의 문화와 에티켓 일곱 가지를 알아보자.

01
정확한 명칭으로 부르기

몽골이라는 국가명은 '용감한'이라는 뜻을 가진 부족 이름에서 유래했다. 간혹 '몽고'라는 단어와 헷갈릴 수 있는데, '몽고'는 과거에 중국에서 몽골 사람을 낮춰 부를 때 썼던 말이므로 실수하지 말자.

02
몽골인 가정에 초대받았다면

몽골인 가정을 방문할 때는 작은 선물을 준비하는 것이 좋다. 선물은 보통 보드카나 초콜릿, 사탕 정도가 무난하다. 한국에 대한 이미지가 좋으므로 한국 제품을 챙기는 것도 좋다. 물건을 건넬 때는 꼭 오른손으로, 받을 때는 두 손으로 받아야 한다. 돈이나 물건을 검지와 중지(V자) 사이에 끼워서 주는 행위는 상대방을 비하하는 의미이므로 주의하자.

03
현지인에게 실례되는 행동

때로 유목민들은 도살할 가축을 손가락으로 가리키기 때문에, 사람을 손가락으로 가리키는 행위는 실례가 된다. 사람을 지목할 때는 손바닥을 위로 펴서 향하는 편이 좋다. 또 현지인들은 태어난 지 얼마 안 된 아기에게 예쁘다는 말을 하면 몸이 아프거나 병이 걸릴 수 있다는 미신이 있으니 주의할 것. 그래서 일부러 못생겼다는 농담을 건네기도 한다.

04
몽골의 술자리 예절

몽골에서는 일반적으로 손님이 찾아오면 존경의 의미로
보드카나, 여름에는 마유주(Айраг, 아이락)를 권한다.
현지인이 권한 술이나 음식은 거절하지 말고
받아서 한 모금이라도 맛보고 내려놓는 것이 예의다.
어른에게 술을 따를 때는 소매를 걷지 않고
끝까지 당겨 입는다.

05
사과하는 방법

타인의 머리나 모자를 만지거나 치는 행위는 금물이다.
타인의 발을 차거나 밟는 것도 실례가 될 수 있다.
이때 몽골인들은 사과의 의미로 손을 잡고 악수한다.
만약 손을 잡지 않는다면 그 사람을 무시하는
행위로 비추어질 수 있다.

06
사진 촬영 매너

의사를 묻지 않고 촬영하면
부담스러워하는 경우가 많으니, 촬영 전
허락을 받는 것이 필수다. 사원이나
수도원 내부 또는 민감한 지역의 경우 아예
사진 촬영을 금한다. 주요 박물관에서는
일정 금액의 비용을 지불하면 촬영이
가능한 경우도 있다.

07
도착 시간을 묻지 말자

몽골에서는 도착 예정 시간을 물어보거나 일을 서두르면
안 좋은 일이 일어난다고 믿는다. 투어 진행 중
도착 시간이 궁금하다면 '시간이 얼마나 걸려요?' 대신
'거리가 어느 정도 남았나요?'라고 물어보는 센스를 발휘하자.

최적의 여행 시기 찾기
몽골 연중 날씨

여름

푸른 초원을 볼 수 있는 몽골의 여행 성수기는 바로 여름이다. 6월 말~8월 중순 낮 기온은 다소 높으나 일교차가 크기 때문에 아침저녁으로 쌀쌀하다. 습도가 낮아 우리나라의 여름처럼 습하지는 않지만, 햇볕이 매우 강하다. 특히 7월과 8월에는 갑자기 폭우나 우박이 내리기도 한다. 고비 사막은 5월부터 9월, 홉스골과 타왕복드는 7월과 8월이 여행의 적기다.

여름철 준비물

낮에는 햇볕이 매우 강해 자외선을 차단하는 선크림과 챙 넓은 모자는 필수. 린넨 재질의 긴팔 티셔츠를 착용하면 통풍도 잘 되고 팔이 타는 것을 방지할 수 있다. 우산은 비를 피하는 동시에 뜨거운 햇살로부터 머리를 보호하는 도구로 사용된다. 일교차가 큰 여름에는 카디건이나 얇은 점퍼, 경량 패딩을 준비해야 한다.

울란바토르(수도)

고비 사막(남부)

봄·가을

푸른빛의 초원과 하얀 설경 대신 금빛의 초원을 만나볼 수 있는 계절이다. 지역마다 다르지만 대체로 4월 초~6월 중순은 기나긴 겨울이 지나고 눈이 녹는 시기인 봄이며, 8월 말~10월은 긴 겨울을 준비하는 가을이다. 낮에는 우리나라의 평범한 늦가을 날씨이지만 밤에는 영하 10도 밑으로 떨어진다. 몽골의 봄과 가을은 일교차가 크고 날씨 변화가 잦으니 늘 방한에 주의해야 한다.

겨울

10월 말부터 3월까지의 긴 겨울은 모든 땅이 하얀 눈으로 뒤덮인 얼음 왕국이다. 평균 영하 20~30도 내외의 혹독한 추위가 이어지며, 홉스골 지역은 영하 40도까지 떨어지기도 한다. 겨울에 몽골을 방문한다면 되도록 장시간 야외 활동보다는 실내 활동과 적절히 분배하여 일정을 계획하는 편이 좋다. 특히 장시간 야외 활동 시 동상에 걸리지 않도록 발 보온에 신경을 써야 한다.

홉스골(북부)

● 평균 최고기온 ● 평균 최저기온 ▮ 강수량

울기(서부)

● 평균 최고기온 ● 평균 최저기온 ▮ 강수량

다채로운 매력으로 빛나는
몽골 5색 테마 여행

● 홉스골 호수

✈ 므릉 공항

● 타왕복드 ✈ 울기 공항

호수 다양한 수상 레저를 즐길 수 있는
홉스골 호수 P.210

바닥이 훤히 들여다보일 만큼 맑은 에메랄드빛 호수.
여름에는 카누나 보트 등 수상 레저를 즐길 수 있고
유람선을 이용한 섬 투어도 할 수 있다.

몽골

고비 사막 ●

설산 만년설과 빙하로 뒤덮인 겨울왕국
타왕복드 P.232

몽골 현지인들에게도 평생 한 번쯤 가보고 싶은 꿈의
명소로 여겨지는 성스러운 산. 지역 곳곳에 선사시대
의 암각화가 남아있으며, 알타이산맥 봉우리까지 이
어진 빙하 위를 걸어볼 수 있다.

초원 은하수 감상에 최적화된 도시 근교
테렐지 국립공원 P.172

기암괴석과 숲, 산과 초원을 두루 조망하기 좋은 지역. 여름에는 야생화가 만발한다. 도시 근교에서 은하수를 감상할 수 있는 곳으로, 현지인들도 나들이를 즐기는 매력적인 여행지다.

도시 화려한 나이트 라이프를 즐길 수 있는
울란바토르 P.126

몽골 인구의 약 절반이 거주하는 몽골의 수도. 러시아 및 유럽의 영향을 받은 현대식 건축물이 가득하다. 고층 빌딩에 있는 루프톱에서는 밤마다 음악 소리가 끊이지 않는다.

• 테렐지 국립공원

• 울란바토르

✈ 칭기즈칸 국제공항

중국

달란자드가드 공항

사막 모래 썰매와 낙타 타기까지 진귀한 체험
고비 사막 P.192

아시아에서 가장 거대한 사막 지역. 낙타 위에서 감상하는 광활한 사막의 풍경, 황금빛 모래 파도 위에서 즐기는 스릴 만점 모래 썰매의 추억은 한 번 경험한 여행자라면 평생 잊지 못할 것이다.

지금 바로 떠나야 할 이유
몽골 여행 키워드 10

여행의 로망이 실현되는 나라, 몽골. 천혜의 자연과 이색적인 문화예술, 그리고 액티비티까지
떠나야 할 이유가 충분하다. 몽골을 제대로 즐기기 위한 열 가지 키워드를 알아보자.

01

02

03

이곳만은 놓치지 말자
몽골 필수 여행지 10

몽골을 알차게 여행하고 싶다면 더는 고민하지 말자.
몽골에서 반드시 둘러봐야 할 명소 열 곳을 소개한다.

키워드로 쏙쏙 뽑은
몽골 문화 & 역사

인류 역사상 세계에서 가장 넓은 대륙을 차지했던 나라에서 현재의 몽골이 되기까지 무슨 일들이 있었을까. 여행이 풍성해지는 몽골의 대표 키워드를 소개한다.

몽골의 민속 의상
델

상하의가 한 벌로 된 몽골의 전통의상. 비단 장식으로 된 허리띠를 묶어 옷의 길이와 폭을 조절한다. 날씨가 추운 겨울에는 양모를 덧댄 델을 입어 방한과 보온 기능을 더한다. 겨울에 입는 델은 소매가 손 밖으로 길게 나와 있어 겨울에 말을 타고 이동할 때 손을 보호할 수 있다. 과거에는 부족과 지위에 따라 옷감, 색깔, 장식이 각각 달랐기 때문에 델을 보고 부족과 신분을 추측할 수 있었다고 한다. 오늘날에는 델을 명절이나 축제 등 주로 특별한 날에 입으며, 특히 나담 축제 전야제의 전통 의상 페스티벌에서 각 부족 고유의 델을 만나볼 수 있다.

천하를 호령하던 지배자
칭기즈칸

역사상 세계에서 가장 넓은 대륙을 정복한 몽골 제국의 창시자. 1162년에 태어난 그의 본명은 테무진이다. 그는 1206년 몽골의 모든 부족을 하나로 통합하고 족장 대회의에서 세계의 군주라는 뜻의 칭기즈칸으로 추대되어 역사에 이름을 올렸다. 1211년부터 중국 정복에 이어 중앙아시아·페르시아·코카서스·러시아·크림반도·볼가강 유역의 동유럽까지 진출했다. 몽골을 통일한 지 약 20년 만에 유라시아에 걸친 30여 개 국가를 복속시켜 대제국을 건설했다. 그가 기틀을 닦은 몽골 제국은 세계의 절반 가까이 점령한 제국으로 성장했다.

몽골 혁명의 아버지
수흐바타르

독립 영웅이자 개국 공신으로 불리는 몽골의 혁명가. 그는 중국의 직접 지배를 받던 몽골의 독립을 위해 1920년 몽골인민혁명당과 인민의용군을 결성하여 무장독립운동을 이끌었다. 1921년 7월 11일에는 소비에트 붉은 군대와 연합하여 중국을 몰아내고 몽골의 독립을 선포했다. 몽골은 이날을 혁명기념일로 지정하여 7월 11일부터 15일까지를 몽골 최대 축제인 '나담' 기간으로 공표하고 기념한다. 1923년 30세의 젊은 나이로 사망한 그의 얼굴은 몽골 화폐 투그릭에도 새겨져 있다. 그를 기리기 위해 몽골의 수도 이름을 붉은 영웅이라는 뜻을 담은 '울란바토르'로 변경하고, 도시 중심에 그의 이름을 딴 '수흐바타르 광장'을 지었다. 이 광장의 이름은 집권 정당이 바뀔 때마다 칭기즈칸 광장과 수흐바타르 광장으로 번갈아가며 바뀌기도 했다.

제2차세계대전 직전의 혈전
할힌골 전투

할힌골 전투는 조선인 마라톤 선수가 일본군에 강제로 징병되어 제2차세계대전에 참여하는 과정을 그린 영화 〈마이웨이〉의 배경이기도 하다. 할힌골은 몽골과 만주의 경계 지역으로 1937년부터 국경 분쟁이 잦았다. 1939년 5월, 몽골군이 할하강을 건너자 당시 만주를 장악한 일본군이 이를 불법적인 월경 행위로 간주하면서 전투가 발발했다. 그 결과 일본군은 몽골을 지원하고 있던 소련군에 참패하고, 소련의 요구에 따라 할하강을 경계로 몽골과 만주국의 국경을 확정했다. 이는 제2차세계대전이 시작되기 직전 주요 두 국가가 관여한 사건으로, 이후 소련과 일본의 행보에 영향을 끼쳤다는 점에서 의의가 크다.

세계 두 번째 사회주의 국가
몽골인민공화국

1922년 러시아 지역에서 소련이 결성되고 1923년 몽골의 개국 공신 수흐바타르와 1924년 몽골의 마지막 황제 복드칸이 차례로 세상을 떠나자, 스탈린을 주축으로 한 소련 정부가 몽골이 군주제를 폐지하고 완전한 사회주의 국가로 전환하도록 요구했다. 이에 몽골 정부는 1924년 11월 국가 이름을 몽골인민공화국으로 바꾸고 소련에 이어 세계에서 두 번째로 사회주의 공화국이 되었다. 이때부터 소련은 필요에 따라 몽골을 지원했고, 몽골에 대한 소련의 영향력이 점차 강화됐다. 1991년 소련이 해체하자, 몽골은 1992년에 다당제를 바탕으로 하는 민주주의와 시장경제체제를 채택하고 지금의 몽골공화국으로 이름을 변경했다.

같은 이름 다른 나라
외몽골과 내몽골

외몽골과 내몽골은 각각 몽골 공화국과 중국 내 내몽골 자치구를 뜻한다. 두 지역은 고비 사막을 따라 나뉜다. 1945년 8월 14일, 제2차세계대전 직후에 맺은 중소우호동맹조약에 따라 실시한 몽골 독립 국민투표에서 외몽골의 독립이 확정됐다. 1946년 1월 중국 정부는 외몽골의 독립을 승인하고 외몽골을 몽골인민공화국으로 인정했으나, 내몽골은 1947년 5월 중국의 자치구로 편입해 지금에 이르렀다. 가끔 매우 저렴한 가격으로 몽골 패키지여행 상품을 광고하는 경우가 있는데, 여행 지역이 내몽골이라면 중국의 내몽골 자치구로 가는 것이므로 꼭 확인해야 한다.

몽골 여행 전문가가 소개하는
맞춤형 몽골 여행 코스 컨설팅

청정 자연 속에서 즐기는 야생 여행지로 잘 알려져 있는 몽골. 일부 관광객에게는 난이도가 높은 여행지로 여겨지기도 한다. 그러나 최근 관광 인프라가 많이 개선되어 도시 주변으로 여행자가 편하게 머물 수 있는 현대식 게르부터 리조트까지 다양한 시설들이 확장되어 초원 위의 휴양지라고해도 손색이 없는 곳들이 많이 생겨나고 있다. 아이들이나 노부모님과 함께 천천히 걸을 수 있는 가족 여행자부터 유목문화를 직접 경험하며 오지 캠핑까지 서슴지 않고 시도하는 여행 고수까지. 모든 이들이 완벽하게 즐길 수 있는 난이도별 여행 코스를 준비했다.

여행 난이도별

1 초보 여행자

해외여행이 처음이거나 오프로드 여행 경험이 많지 않은 초심자라면 편의 시설이 잘 갖추어진 곳에 머물며 가볍게 몽골의 풍경을 느끼거나, 울란바토르 근교의 유명 관광지 위주로 여행 일정을 짜보자.

👍 추천코스 A코스, B코스, C코스

2 중급 여행자

몇 번의 해외 자유여행 경험이 있어 새로운 목적지를 탐색하고 도전하고자 하는 여행 중수. 현지 문화와 유목민 체험에 관심이 있는 사람에게 추천한다.

👍 추천코스 C코스, D코스, E코스, F코스

3 여행 고수

어려운 환경에서도 즐길 수 있으며 비주류 여행까지 스스로 계획해 탐험하는 진취적인 여행자라면 도전해보자. 자연 속 오지 캠핑 경험이 많고, 전문 장비를 갖추어 사진 촬영도 전문적으로 하는 여행가를 위한 일정이다.

👍 추천코스 G코스, H코스

4 가족과의 여행

아동, 노부부와 함께 하는 여행자라면 주요 관광지 중심의 가벼운 일정으로 몽골을 천천히 즐겨보자. 비용이 들더라도 샤워시설과 화장실 등이 잘 갖추어진 리조트에 머물며 천천히 힐링하는 여행도 괜찮다.

👍 추천코스 **A코스, B코스**

5 커플이나 친구와의 여행

친구와 도전하는 해외 여행지로 몽골을 선택할 만큼 모험심이 강한 이들의 청춘 여행이라면, 근교에서 벗어나 조금 더 과감하게 도전해보자. 도시에서 멀리 벗어날수록 오프로드 길의 험난한 여정은 길어지지만, 더욱 유니크하고 인스타그래머블한 명소들이 가득하다.

👍 추천코스 **D코스, E코스, F코스**

6 전문가 및 재방문자와의 여행

몽골에 다시 방문할 만큼 새로운 명소를 방문하고자 하는 의지가 강하고, 현지 문화와 역사 및 전통을 깊이 이해하려는 여행 마스터에게 추천한다.

👍 추천코스 **F코스, G코스, H코스**

7 짧은 여행(3박 이하) 및 저예산(70~100만 원)

초성수기를 제외하면, 항공편을 포함하여 100만 원 이하의 저예산으로도 몽골 여행을 할 수 있다. 2박 3일 또는 3박 4일 등의 단기 여행 시에는 수도 근교의 관광지 위주로 여행 코스를 짜야한다. 물론 비수기인 겨울에 비용이 많이 낮아진다.

👍 추천코스 **A코스, B코스**

8 중단기 여행(일주일 전후) 및 중간 예산(100~200만 원)

항공편을 포함하여 150만 원 전후라면 5박 6일에서 일주일 정도 여행 일정을 보낼 수 있다. 몽골 중부를 포함하여 북부 또는 남부 코스 위주로 짜면 충분하다.

👍 추천코스 **C코스, D코스, E코스, F코스**

9 여유로운 여행(10일 이상) 및 넉넉한 예산(250만 원 이상)

시간적 여유가 넉넉한 여행자라면 열흘에서 이주일 정도 몽골의 명소들을 구석구석 다닐 수 있다. 관광객이 몰리는 유명 관광지에서 벗어나 나만의 장소를 찾아 여유롭게 즐기는 서부 여행을 추천한다.

👍 추천코스 **G코스, H코스**

2박 3일 일정

A코스

1 칭기즈칸 국제공항 출발-테렐지 국립공원 리조트(1박) - **2** 거북바위-승마-자이승 전승 기념탑-울란바토르(1박) - **3** 칭기즈칸 동상 박물관-칭기즈칸 국제공항 도착

3박 4일 일정

B코스

1 칭기즈칸 국제공항 출발-자이승 전승 기념탑-엘승 타사르해(1박) - **2~3** 낙타 타기-테렐지 국립공원 리조트(2박) - **4** 거북바위-승마-칭기즈칸 동상 박물관-칭기즈칸 국제공항 도착

C코스

4박 5일 일정
1 칭기즈칸 국제공항 출발-카라코룸(1박) - **2** 아르헝 폭포(1박) - **3** 쳉헤르 온천(1박) - **4** 엘승 타사르해 (1박) - **5** 칭기즈칸 동상 박물관-칭기즈칸 국제공항 도착

D코스

5박 6일 일정
1 칭기즈칸 국제공항 출발-차강 소브라가(1박) - **2** 욜링암(1박) - **3** 고비 사막(홍고린 엘스)(1박) - **4** 바 양작(1박) - **5** 바가 가즈링 촐로(1박) - **6** 칭기즈칸 국제공항 도착

중단기 & 중급

 6박 7일 일정

E코스 ① 칭기즈칸 국제공항 출발-엘승 타사르해-쳉헤르 온천(1박) - ② 테르힝 차강 호수(1박) - ③~④ 홉스골(2박) - ⑤ 오랑 터거 화산(1박) - ⑥ 에르데넷(1박) - ⑦ 칭기즈칸 국제공항 도착

7박 8일 일정

1 칭기즈칸 국제공항 출발-엘승 타사르해(1박) - 2 어르헝 폭포-쳉헤르 온천(1박) - 3 테르힝 차강 호수 (1박) - 4~5 홉스골(2박) - 6 오랑 터거 화산(1박) - 7 아마르바야스갈란트 사원-울란바토르(1박) - 8 칭 기즈칸 국제공항 도착

9박 10일 일정

1~2 울란바토르-울리아스타이 공항-울라흐치 하르 호수(2박) - **3~4** 센지트 암석-하르가스 호수(2박)
- **5** 홉드-울기(1박) - **6** 차강골 캠프(1박) - **7** 타왕복드(1박) - **8** 포타닌 빙하 트레킹-차강골 캠프(1박)
- **9** 울기(1박) - **10** 칭기즈칸 국제공항 도착

2주 일정

1 울란바토르-차강 소브라가(1박)- 2 고비 사막(1박)- 3 바양작-아르바이헤르(1박)- 4 쳉헤르 온천(1박)- 5 테르힝 차강 호수(1박)- 6 울리아스타이(1박)- 7 울라흐치 하르 호수(1박)- 8 센지트 암석-하르가스 호수(1박)- 9 홉드-울기(1박)- 10 차강골(1박)- 11 타왕복드(1박)- 12 차강골 캠프(1박)- 13 울기(1박)- 14 칭기즈칸 국제공항 도착

몽골을 가장 멋지게 여행하는 방법

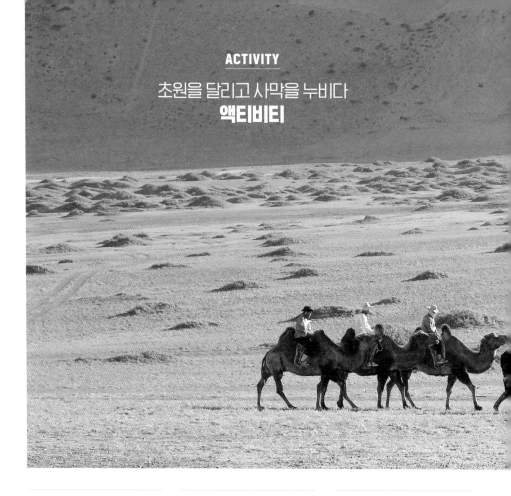

ACTIVITY

초원을 달리고 사막을 누비다
액티비티

그림 같은 초원을 달리는
승마 체험

테렐지, 홉스골 등 주요 관광지에서 저렴한 비용으로 드넓은 초원의 자유를 즐길 수 있다. 여행자 체험용 말은 훈련을 받아 차분하고, 현지인이 항상 동행하기 때문에 승마 초보자라도 걱정할 필요 없다. P.233

광활한 고비 사막을 누비다
낙타 타기

고비 사막에 서식하는 쌍봉낙타 위에 몸을 맡기고 자연을 두 눈에 담아보자. 낙타는 걷는 속도가 매우 느려 일어나는 순간에만 균형을 잘 잡으면 걱정할 필요는 없다. 체험 비용은 시간당 2만 투그릭 내외. P.208

훈련된 황금독수리와 함께
독수리 체험

카자흐족 전통 사냥꾼의 훈련된 독수리를 가까이에서 만날 수 있는 기회다. 체험자가 가죽 장갑 등 보호 장비를 착용하면 사냥꾼이 팔 위에 독수리를 직접 올려주는데, 그 순간 기념사진을 남길 수 있다.

"

말을 타고 활을 쏘며 천하를 누볐던 몽골인과 함께 승마와 활쏘기 체험까지,
오직 몽골에서만 경험할 수 있는 다양한 액티비티를 놓치지 말자.

"

몽골 전통방식으로 배우는
활쏘기

자작나무에 양 힘줄을 감아 만든 활
로 약 20미터 떨어진 동물 가죽 과녁
을 맞히는 게임이다. 몽골 활은 길이
가 길고 탄력이 강하기 때문에 최대한
힘을 주어 당겨야 한다. 체험 비용(화
살 5개)은 5회에 1만 투그릭 내외.

황금빛 모래를 타는 짜릿함
모래 썰매

발이 푹푹 빠지는 가파른 모래 경사를
팔다리로 기어 올라야 하는 지옥의 관
문 뒤에는 감동이 기다리고 있다. 모래
파도의 노래 소리와 함께 급하강하는
기분은 그동안의 고생을 보상받는 듯
짜릿하다. P.209

쏟아질 것 같은 은하수 아래에서
온천 체험

고산 지역에 있는 초원 한가운데 자리
한 그림 같은 리조트에서 천연 온천을
즐길 수 있다. 머리 위로 쏟아질 것 같
은 은하수를 배경 삼아 후끈한 온천
에 몸을 맡겨보자. 숲이 우거진 언덕
과 아름다운 전망은 덤이다. P.222

ANIMAL

초원을 누비는 유목민의 동반자
유목·야생 동물

유목민은 광활한 초원에서 생활하는 동물들로부터 생활에 꼭 필요한 재료를 얻는다.
유목민의 삶에서 빼놓을 수 없는 동반자, 몽골의 동물들에 대해 알아보자.

1 말 ◀)) 머르 Морь

'몽골인은 말 위에서 태어나 말 위에서 죽는다'라는 속담이 있듯, 몽골인들은 어려서부터 말 타는 법을 배운다. 시골에서는 지금도 말을 교통 및 운송 수단으로 사용하며, 겨울에는 말똥을 말려 연료로 사용한다.

2 양 ◀)) 헌 Хонь

몽골인의 주식이자 각종 유제품의 공급원이다. 특히 몽골의 양은 매섭도록 추운 겨울을 버터 가죽과 털이 매우 두껍고 질기기 때문에 보온성이 강한 직물을 만드는 데 쓰인다.

3 소 ◀)) 우흐르 Үхэр

몽골의 소는 광활한 초원에서 방목해 한국의 소보다 몸집이 크고 힘이 좋고, 근육량이 많다.

4 염소 ◀)) 야마 Ямаа

질병에 강하며 기후 풍토에 잘 적응하는 특성이 있어 몽골의 혹한이나 혹서 기후에서도 무탈하게 생활한다. 털이 고급 캐시미어의 재료로도 쓰인다.

5 방카르 ◀)) 방카르 Банхар

유목민 가정에서 가축과 가족을 보호하는 몽골의 전통 토종견. 눈 위에 있는 두 개의 반점이 추가된 눈처럼 보여서 '네 개의 눈을 가진 개'라는 별명을 가진다.

6 낙타 ◀)) 테메 Тэмээ

몽골의 낙타는 혹이 두 개인 쌍봉낙타로, 주로 고비 사막에 서식한다. 혹에는 지방을 저장하고 있어, 먹이가 없으면 등에 축적한 지방을 분해해 영양분을 얻는다. 낙타의 주요 먹이는 사막에 분포하는 '하르가낙'이라는 풀이다.

7 순록 ◀)) 차아 복 Цаа буга

기온이 낮은 몽골 북부에 서식한다. 순록의 뿔은 매년 새로 자라나며 사람의 지문처럼 뿔의 형태가 서로 다르다.

8 독수리 ◀)) 부르게뜨 Бүргэд

몽골 내 카자흐족 유목민은 독수리를 활용해 사냥한다. 몽골 주요 관광지에서는 훈련된 독수리와 함께 기념사진을 촬영할 수 있다.

9 땅다람쥐 ◀)) 쪼람 Зурам

땅에 굴을 파고 사는 땅다람쥐는 독특한 울음소리로 유명하다. 두 발을 모으고 서서 사방을 살펴보다가 위험을 느끼면 굴속으로 숨는 특성이 있다.

10 야크 ◀)) 사를락 Сарлаг

몽골 북부에 사는 소의 일종. 일반 소보다 큰 몸집에 긴 털을 가졌으며 추위에 강하다. 특히 야크의 털은 보온력이 뛰어나 겨울철 양말의 재료로 많이 사용된다.

TIP

유목민은 멀리 있는 본인의 동물을 어떻게 알아볼까?

떼를 지어 초원을 누비는 동물을 야생 동물이라고 착각하기 쉬우나, 대개 동물에게는 주인이 있다. 유목민은 동물의 신체에 서로 다른 색상과 모양으로 표시를 남겨 주인을 구분한다. 또, 유목민은 시력이 5.0에 가깝다고 할 정도로 무척 좋아서 수 킬로미터 떨어진 동물의 모습을 정확히 알아볼 수 있다고 한다.

아름다운 곡예 무용과 신비의 목소리
전통 공연

신비롭고 감동적인 공연 감상이야말로 여행의 재미를 극대화한다.
오랜 역사와 전통을 자랑하는 몽골 공연예술의 매력에 푹 빠져보자.

TIP
몽골의 전통 공연 제대로 즐기기

신비로운 자연의 노랫소리
흐미 창법
◀) 흐미 Хөөмий

높고 맑은 음과 낮고 탁한 음을 한 사람이
동시에 내는 창법이다. 수련을 거친 천 명 중
한 명만이 가능할 만큼 난이도가 높고 체력
이 요구된다. 과거에는 남자에게만 전수되
었다고 한다. 때로는 초원의 바람소리처럼,
때로는 동물의 소리처럼 들리기도 한다.

유네스코가 선정한 무형유산 걸작
마두금
◀) 머링호르 Морин хуур

마두금은 몽골 유목민의 전통
현악기다. 악기 끝부분을 말
머리 문양으로 장식했다고
하여 말머리 악기라고 부른다. 마
두금에는 두 개의 현이 있다. 하
나는 수말의 말꼬리 130가닥, 다
른 하나는 암말의 말꼬리 105가
닥으로 만든다.

유연성 난이도 최고봉
곡예
◀) 노그랄트 Нугаралт

몽골의 곡예는 1920년대에 민속무용의 한
요소로 시작해 체조로 발전했다. 1940년
이후에는 서커스의 일부였다가, 현재는 몽
골 예술의 하나로 인정받고 있다. 나담 축
제 개막식에서도 어린 곡예사들의 고난도
곡예 묘기를 볼 수 있다.

계절에 따라 펼쳐지는 다채로운 공연
국립 아카데미 드라마 극장

1960년대에 설립된 드라마 극장. 세계적으로 유명한 클래식 작품 위주로 연극 공연을 선보인다. 관광객이 많은 여름에는 몽골 전통 공연을 진행한다. 서울거리 입구에서 붉은색 유럽식 건물을 찾자. P.134

유목 문화의 전통을 계승하는
투멘 에흐 예술극장

국립 놀이공원 근처에 위치한 몽골 유목문화예술 공연장이다. 한 사람이 두 가지음을 내는 흐미 창법과 마두금을 비롯한전통악기 연주, 몽골 민속 춤 및 곡예를 감상할 수 있다. P.136

진정한 전통악기 고수들은 이곳에
조논 카르 마두금 박물관

마두금을 포함한 전통악기와 민속춤 등 숨은 고수들의 공연을 만날 수 있는 곳이다. 특히, 몽골의 전통 순환 호흡 연주법을 사용하여 길고 끊김 없는 소리를 내는 몽골전통 피리 '림베' 연주는 가장 놀라운 파트중 하나다. P.162

불교와 샤머니즘의 조화
종교 문화

몽골 불교

몽골 불교는 티베트 지역에서 전해온 불교의 한 분파로, 몽골 국민의 절반 이상이 불교 신자다. 칭기즈칸의 손자 쿠빌라이칸은 13세기에 몽골을 통일하고 중국을 정복한 다음 원나라를 세웠다. 이때 티베트를 점령하는 과정에서 불교를 받아들였다. 이후 몽골에서 승려는 특권 계급에 속할 정도로 지위를 보장받았으며, 수백 개가 넘는 불교 사원이 세워졌다. 이렇게 융성했던 몽골 불교는 몽골에 공산 정권이 들어선 후 탄압을 받았다. 약 700여 개의 불교 사원이 파괴되었고, 현재 3대 불교 사원 중 일부만 보존된 상태다.

샤머니즘

샤머니즘은 지금도 몽골에서 불교 다음으로 영향력이 크다. 시골로 갈수록, 변방 지역 소수민족일수록 샤머니즘을 믿는 성향이 강하다. 하늘과 땅을 숭배하며, 하늘에 뜬 해와 달, 별까지 모두 숭배의 대상이다. 예로부터 몽골인들은 게르 안에 우상을 만들어 경배했다. 그러나 이러한 우상은 몽골 불교의 영향으로 오늘날에는 거의 다 부처상으로 대체되었다.

TIP
몽골에서 물과 불을 다룰 때 주의할 점

몽골에서 불은 가계의 번영을 상징한다. "집안에 불길이 흥하길 빈다"라는 말은 가계의 번성에 대한 기원이고, "불씨를 꺼뜨리겠다"라는 말은 상대를 위협하는 저주다. 칼로 불을 흐트러뜨리거나 불 위에서 물건을 자르는 행위, 불을 뛰어넘는 행동은 화신(火神)에게 상처를 입히거나 목을 자른다는 뜻이라고 믿기 때문에 실례를 범하지 않도록 주의하자.

물은 생명의 근원을 상징한다. 물을 따라 이동하는 유목 생활에서 비롯된 관념이다. 오줌이나 재 등 오물을 물속에 버리는 것을 금기시하며, 특히 강가 근처에서 배변하는 행위는 큰 결례다. 또한 유목민들은 귀중한 식수원이 더럽혀질 염려가 있어서 빨래를 잘 하지 않기 때문에, 게르 안에서는 침낭을 펼쳐 사용하는 것이 좋다. 특히 여행자 게르 캠프의 화장실이나 샤워실에서 빨래하는 행위는 현지인들의 반감을 살 수 있다.

TEMPLE

다채로운 이야기를 품은
불교 사원

국민의 절반 이상이 불교 신자인 몽골에서 불교 사원은 일상의 일부다.
몽골의 3대 불교 사원을 소개한다.

몽골에서 가장 큰 불교 사원
간단 사원

19세기 중엽에 건축한 사원. 몽골에서 규모가 가장 큰 사원이며, 중앙아시아에서 가장 높은 26.5 미터, 20톤 규모의 불상이 봉안되어 있다. 몽골에서는 불교의 중심으로 통하여, 달라이 라마가 몽골에 입국할 때마다 꼭 이곳을 방문한다. P.148

청나라의 건축 양식으로 지어진
아마르바야스갈란트 사원

몽골 북부 도시 다르항의 서쪽 초원에 자리한다. 18세기 청나라 황제였던 옹정제 때 만들어져 청나라 양식을 따랐다. 40개의 전각은 파괴되고 현재는 28개만이 남았다. P.235

몽골 최초의 불교 사원
에르덴 조 사원

몽골제국 초기 수도 카라코룸에 있는 몽골 최초 사원. 1930년경 불교 박해에 의해 대부분의 사원이 파괴되어 현재는 건물 세 개만 남아 있다. 사원 주위를 둘러싸고 있는 108개의 몽골 불교탑이 과거의 흔적을 말해준다. P.219

알고 보면 재미있는 문화예술 여행
박물관 & 미술관

몽골 불교예술의 모든 것
자나바자르 불교미술 박물관

17세기 몽골 불교의 생불 자나바자르의 이름을 딴 박물관. 그의 업적과 불교예술 작품을 전시한다. 몽골 최대의 불교미술 박물관으로, 미술품 이외에도 몽골의 예술과 관련된 다양한 기획전을 개최한다. P.149

몽골을 대표하는 최대 박물관
칭기즈칸 국립 박물관

총 9층 규모에 8개의 전시실로 구성된 몽골 최대 신식 박물관. 칭기즈칸 이전의 고대 국가 때부터 현대에 이르기까지 몽골의 역사와 문화, 생활 양식, 전통 등을 보여주는 귀중한 자료들을 전시한다. P.135

찬찬히 감상하며 사색하기 좋은 곳
몽골 국립 현대 미술관

역사가 빚어낸 몽골의 특색을 가장 잘 표현한 미술관. 회화뿐 아니라 조형물, 수공예, 설치 미술 등의 독특한 예술 작품을 감상할 수 있다. 일부 작품 앞에 의자가 배치되어 있어 오랜 시간 찬찬히 작품을 감상하기 좋다. P.133

"

몽골 여행을 더욱 풍성하게 만드는 이야기보따리가 구석구석 숨어 있다.
칭기즈칸 시대의 유물부터 몽골의 불교예술까지 다양한 전시를 즐겨보자.

"

세상에서 가장 거대한 몽골의 영웅
칭기즈칸 동상 박물관

높이 40미터에 이르는 몽골의 랜드마크. 칭기즈칸이 황금
손잡이가 달린 채찍을 발견했다고 전해지는 장소에 세워
진 기마 동상 박물관. 청동기시대부터 칭기즈칸이 몽골제
국의 기틀을 다진 13세기까지의 유물을 만날 수 있다. P.185

세계 최대 공룡 화석 소재지에서 만나는
공룡 중앙 박물관

세계적인 공룡 화석 출토지 고비 사막에서 발굴한 화석을
전시한다. 전 세계에서 희귀한 공룡 알과 뼈 화석을 만날
수 있다. 전시장은 2층에 걸쳐 총 세 개의 관으로 구성되어
있다. P.149

고비 지역 문화와 역사를 한눈에
고비 자연사 박물관

남고비의 주도인 달란자드가드에 위치한 자연사 박물관.
고비 사막 지역의 전통문화, 고생물학 등에 대한 자료를
전시한다. 고비 지역에서 발견된 공룡 화석과 암각화 등의
희귀한 유물들을 만나볼 수 있다. P.203

고대 초원 제국의 중심지
카라코룸 박물관

몽골제국의 옛 수도 카라코룸에 위치한 역사 박물관. 칭기
즈칸이 살던 13세기부터 현대까지 이 지역에서 발굴한 고
고학 유물을 전시한다. P.219

몽골의 최대 명절
차강사르

몽골에도 한국의 설날과 비슷하게 새해를 기념하는 명절이 있다.
서로 안부를 묻고 안녕을 기원하는 몽골의 최대 명절 '차강사르'를 알아보자.

몽골 설날 '차강사르 Цагаан сар'

음력 1월 1일의 전날까지 포함해 사흘간 지내는 명절이다. 차강사르는 몽골어로 '하얀 달'을 뜻한다. 몽골에서 하얀색은 평화와 순수를 의미한다. 차강사르는 보통 한국 구정과 비슷하게 1월 말이나 2월 초에 있지만, 몽골 설날은 태음력을 따르기 때문에 2월 말에 시작하는 해도 있다. 몽골에서는 차강사르를 어떻게 보냈느냐에 따라 한 해의 운수가 달라진다고 믿는다. 따라서 한두 달 전부터 만반의 준비를 시작한다. 한 해의 묵은 때를 벗는다는 의미로 집과 몸을 깨끗이 정돈하고, 선물과 음식을 마련한다. 음력 1월 1일의 전날은 몽골어로 '비퉁(битүүн)'이라고 부르는데, 이 날에는 가족들이 배가 터질 정도로 먹어야 다음 해에 굶주리지 않는다고 믿는다.

차강사르 세배 방법 '절거흐 Золгох'

차강사르 연휴 동안 전통 의상 델을 차려입고 가족과 지인을 방문해 인사를 나눈다. 이때 아랫사람은 존경의 표시로 '하닥'이라는 실크 천을 들어 윗사람의 양팔을 자신의 양팔로 받치며 세배하면, 윗사람이 아랫사람의 양 볼과 이마에 입맞춤하고 덕담을 건넨다. 그 후 향료와 약초로 만든 코담배를 상대방과 나누며 서로의 향을 공유한다.

몽골의 명절 음식

차강사르 기간에 가장 많이 먹는 음식은 몽골 고기만두 '보쯔'다. 한국에서 명절에 만두를 빚는 것처럼 몽골에서도 명절이면 집집마다 보쯔를 빚는다. 보통 천 개에서 수천 개까지 몇 주에 걸쳐 만든다. 냉동하여 보관하고 손님이 방문하면 쪄서 대접한다. 양의 몸통 전체를 삶은 '오츠', 우유로 만든 차 '수테차', 말린 치즈 '아롤'도 함께 내놓는다. 식탁 가운데에는 발바닥 모양으로 만든 몽골 전통 과자 '올버어우'를 홀수 층으로 쌓고 그 위에 아롤이나 초콜릿, 사탕 등으로 장식한다. 차강사르 기간 동안에는 장식으로 쓰고, 명절이 끝나고 나면 다 같이 먹는다. ▶▶ 몽골 전통 음식 P.066

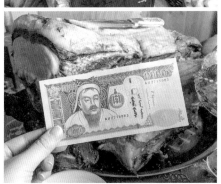

차강사르 기간 방문 예절 4가지

① 차강사르는 몽골에서 매우 중요한 명절이다. 이때는 특히 음주 사고가 발생하지 않도록 주의해야 한다. 손님은 집주인에게 세 잔의 보드카를 받는 풍습이 있는데, 하루에 여러 집을 방문하므로 과음하여 취하지 않도록 조절하며 적당히 마시자.

② 이웃집 방문 시 최고 연장자에게 세배하고, 작은 단위의 새 지폐나 소소한 선물을 전달한다. 만약 한국에서 가져온 기념품이 있다면 이때 전하면 좋다. 선물을 받은 연장자도 세뱃돈이나 세배 선물을 건네 답례한다.

③ 세배 후 코담배를 나눌 때는 왼손으로 오른손을 받치고, 오른손으로 건네받는다. 이는 술을 받을 때에도 동일하다. 코담배는 매콤하고 강한 향료로 만들어 자극이 강하므로 조심스럽게 맡는 것이 좋다.

④ 차강사르 연휴에는 응급 서비스와 병원, 약국을 제외하고 대부분의 식당 및 회사가 휴업한다. 대중교통도 일부 구간만 운행하기 때문에 여행 일정에 차질이 없도록 숙지하자.

NAADAM

유네스코 인류무형문화유산
나담 축제

나담 축제는 몽골의 전통문화와 민속놀이를 계승하는 전국 스포츠 축제다. 2010년 유네스코 인류무형문화유산에 이름을 올린 나담 축제는 씨름·말타기·활쏘기 3대 종목과 샤가이 놀이로 구성된다. 울란바토르에서는 7월 11일부터 15일까지, 그밖의 지역에서는 다른 시기에 지역 고유의 나담 축제를 연다.

1 전야제

7월 10일 울란바토르 광장에서 진행한다. 광장에 설치된 행사 게르 안에서는 마유주와 아롤을 무료로 맛볼 수 있다. 흐미 공연, 책상다리를 한 채 춤을 추는 비옐게 전통춤, 현악기 마두금 연주 등 여러 공연을 선보인다. 동시에 몽골 전통 의상 페스티벌이 함께 열린다. 이때 각 지역의 고유 의상인 '델'을 한 자리에서 만날 수 있다. 국립 놀이공원에서는 몽골 유명 가수들의 공연과 불꽃놀이가 펼쳐진다.

📍 수흐바타르 광장 P.132, 국립 놀이공원 P.136

2 개막식

수흐바타르 광장에서 국립 관악대의 연주를 시작으로 개막식이 열린다. 광장에서 국립 스포츠 경기장까지 2킬로미터 거리를 화려한 깃발을 치켜들고 행진한다. 행진대가 경기장에 도착하면 깃발을 게양하고, 대통령이 나와 개회사를 한다. 개회사 이후 성대한 퍼포먼스가 펼쳐진다. 개막식 입장권은 50,000투그릭 내외인데, 여행자가 구하기는 어려워 10배 가까이 웃돈을 주고 구하기도 한다.

📍 수흐바타르 광장 P.132, 국립 스포츠 경기장 P.150

3 말타기

말의 나이에 따라 10~20킬로미터 거리를 경주하며 한 경기당 약 20분 정도 소요된다. 경주는 어른 기수와 6~10세의 어린이 기수로 나눠 진행한다. 경주마가 결승전에 다다르면 모든 관중들이 일제히 환호성을 지른다. 이때 1등으로 들어온 말부터 마지막에 들어오는 말까지 모두 따뜻한 박수와 환호로 맞이한다. 입석 관람은 무료지만 결승선 바로 앞 좌석은 VIP 입장권이 있어야 출입 가능하다.

📍 후이덜렁호닥 말경주장 🕐 47.928426, 106.508548

> 세계 10대 축제 중 하나인 나담 축제를 보기 위해 해마다 수많은 세계인들이 몽골을 찾는다.
> 몽골의 유목 문화와 전통을 계승한 민족 축제 나담의 매력에 흠뻑 빠져보자.

4 부흐

몽골인이 가장 좋아하는 인기 스포츠. 상대를 바닥에 쓰러뜨려 상대방 신체를 바닥에 닿게 하면 승리하는 몽골의 전통 레슬링으로, 한국의 씨름과 흡사하다. 부흐 선수에게는 매, 송매, 코끼리, 황금새(가루다), 사자 등 동물에 빗댄 칭호와 함께 챔피언 칭호를 부여한다.

📍 국립 스포츠 경기장 P.150

5 활쏘기

큰 활과 작은 활을 구분하여 경기를 치른다. 남성은 과녁으로부터 75미터 떨어진 곳에서, 여성은 65미터 떨어진 곳에서 활을 쏜다. 총 40발의 화살을 쏘며, 과녁에 화살을 가장 많이 맞힌 사람이 우승한다. 국립 스포츠 경기장 바로 앞 양궁장에서 경기가 열린다.

📍 양궁장 Сурын талбайд

6 샤가이

몽골의 무형문화유산 샤가이는 몽골어로 '복사뼈 쏘아 맞추기'라는 뜻이다. 참가한 두 명 혹은 두 팀이 무릎 위에 발사대를 올려놓고 양의 복사뼈를 손가락으로 팅겨 반대편의 말을 맞추는 민속놀이다. 양궁장과 가까운 샤가이 놀이 천막에서 경기를 진행한다.

📍 샤가이 행사장 Шагайн асарт

TIP

나담 축제를 즐기는 꿀팁

국립 스포츠 경기장의 지붕 없는 좌석과 말 경주장에는 햇볕이 따가울 정도로 내리쬐고, 급변하는 몽골의 날씨 특성상 갑자기 비가 내릴 수 있어 우산을 챙기면 유용하다. 모자와 선글라스도 준비하자. 인파가 몰리면 맨 뒤에 서는 관람이 어려울 수 있으므로, 간이의자를 준비하면 유용하다. 말 경기장의 공중 화장실은 입장료(300투그릭)가 있으니 잔돈을 꼭 챙겨야 하고, 축제 기간에는 음식점을 포함한 공공시설 대부분이 휴업하니 참고하자.

고비 지역 유목민의 삶을 엿볼 수 있는
1,000마리 낙타 축제

고비 지역 유목민들에게 낙타는 젖, 고기, 털, 이동 수단 등 다양한 용도로 사용되는 생계의 핵심 요소다.
몽골의 마스코트이자 유목민 삶의 일부인 쌍봉낙타의 흥미진진한 경기들을 만나보자.

수천 년 동안 이어져 온 고비 지역의 낙타 유목 문화를 알리기 위해 시작된 전통 축제다. 첫 축제는 1997년에 개최되었고, 낙타 개체 수 증가와 낙타 사육 전통의 부활을 목표로 기획되어 현재까지 그 전통을 계승하고 있다.

축제 장소와 시기

축제는 남고비주의 주도인 달란자드가드 P.203 에서 약 10km 떨어진 행사장의 평원에서 진행된다. 영하 20도 내외의 혹독한 몽골 겨울을 이겨낸 낙타의 강인함을 홍보하는 의미로, 봄이 오기 전인 2월 초에 열린다.

주요 프로그램

1 1,000마리 낙타 경주

유목민들이 최소 3년 이상 훈련한 쌍봉낙타가 경주용 낙타로 참가하며, 보통은 젊은 연령대의 기수가 참여한다. 전통 낙타 경주는 보통 5~10km 길이의 평탄한 코스에서 열린다. 가장 빨리 완주한 낙타와 기수가 우승자로 선정되며, 낙타의 체력과 지구력, 기수의 능력 등을 평가받는다.

2 낙타 폴로 경기

고비 지역에서 즐기는 전통 스포츠로, 유럽의 폴로 경기와 유사하지만 말 대신 쌍봉낙타를 타고 경기를 진행하는 것이 특징이다. 한 팀당 4~6명의 선수가 참여하며, 긴 망치 형태의 말렛을 사용하여 공을 상대편 골대에 넣어 득점을 올린다.

3 고비 지역 유목 문화 체험

고비 지역의 각 부족이 마련한 행사 게르에서는 고비 지역 전통 음식과 유제품을 맛볼 수 있으며, 수제 공예품 등을 구매할 수 있다. 관광객도 축제 현장에서 당일 참가 접수가 가능한 얼음 활쏘기 경기도 있다. 모든 경기가 마무리되면 마두금 연주와 흐미 공연, 민속 춤 등의 전통 공연이 열린다.

KHOVSGOL

설국에서 즐기는 홉스골의 겨울 맞이
푸른 진주 얼음 축제

세계에서 가장 겨울이 긴 나라 중 하나인 몽골에서, 유목민의 겨울 생활 방식을 보여주는 대표적인 행사다.
온 세상이 얼어버리는 극한의 겨울 왕국 안에서도 즐겁게 전통을 지키는 현지인의 모습이다.

2002년부터 홉스골 호수의 얼음 위에서 열리는 이색 겨울 축제로, 몽골 북부의 전통문화를 체험하며 겨울 스포츠를 즐길 수 있다. 축제 기간 동안 홉스골 지역은 평균 기온이 영하 30도 내외까지 내려가므로 방한 대비가 필수다.

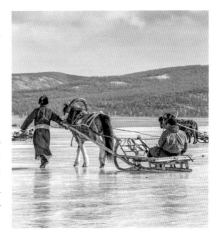

축제 장소와 시기

축제는 몽골 북부 홉스골 호수 남단의 하트갈 마을 P.229 인근에서 매년 개최된다. 일반적으로 매년 2월 말~3월 초에 일주일 전후로 진행되는데, 몽골의 전통 달력과 겨울 날씨 조건에 따라 약간의 변동이 있다. 얼음의 두께가 1미터에서 1.5미터까지 어는 시기에 열리며, 일부 지역에서는 최대 2미터에 가까운 두께를 기록하기도 한다. 행사는 홉스골 호수 얼음 위에서 진행한다. 겨울철 호수가 완전히 얼어붙는 자연 현상을 활용한 독특한 특징이다.

주요 프로그램

1 홉스골 얼음 경주
축제의 메인 프로그램이다. 스케이트 경기는 어린이, 청년, 일반, 시니어 그룹 등 다양한 연령대로 나뉘어 3~10km 거리의 코스에서 경주를 진행한다. 얼음 위에서 진행하는 말 썰매 경주도 이색적인 볼 거리다.

2 얼음 공예 대회
축제 기간 동안 홉스골의 청정 얼음으로 조각한 멋진 공예 작품들을 만날 수 있다. 자연, 전통문화, 환경 보호 등 매년 특정 주제가 주어지며, 작품이 완성되면 호수 주변에 전시된다. 창의성, 기술, 주제와의 연관성 등으로 평가한다.

3 기타 다채로운 프로그램
광활한 홉스골 얼음 위에서 줄다리기, 축구 및 배구, 양궁, 빙판 샤가이 놀이 등 다채로운 프로그램이 진행된다. 중앙 무대에서는 홉스골 지역의 다민족 전통 공연 등을 만나볼 수 있다.

카자흐 민족의 상징
황금 독수리 사냥 축제

카자흐 민족의 풍습과 유산에서 기원한 독수리 사냥 축제는 몽골의 전통 유목민 문화를
경험할 수 있는 대표적인 축제다. 수천 년간 이어온 카자흐의 전통과 열정을 온몸으로 느껴보자.

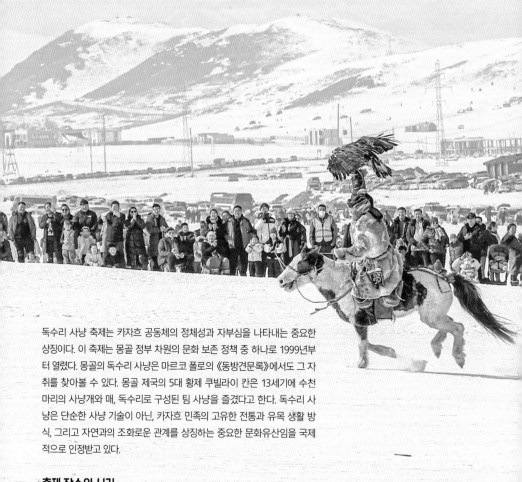

독수리 사냥 축제는 카자흐 공동체의 정체성과 자부심을 나타내는 중요한
상징이다. 이 축제는 몽골 정부 차원의 문화 보존 정책 중 하나로 1999년부
터 열렸다. 몽골의 독수리 사냥은 마르코 폴로의 《동방견문록》에서도 그 자
취를 찾아볼 수 있다. 몽골 제국의 5대 황제 쿠빌라이 칸은 13세기에 수천
마리의 사냥개와 매, 독수리로 구성된 팀 사냥을 즐겼다고 한다. 독수리 사
냥은 단순한 사냥 기술이 아닌, 카자흐 민족의 고유한 전통과 유목 생활 방
식, 그리고 자연과의 조화로운 관계를 상징하는 중요한 문화유산임을 국제
적으로 인정받고 있다.

축제 장소와 시기

독수리 사냥 축제는 10월 첫째 주말에 몽골 서부 최대 도시인 울기P.250 인근
에서 개최된다. 구체적인 장소는 해마다 달라질 수도 있으나, 주요 행사는 바
양울기 중심부에서 약 25~30km 떨어진 지역에서 이루어진다. 축제의 축소
판은 매년 3월에 울란바토르에서 경험할 수도 있다.

주요 프로그램

1 황금 독수리 사냥 시합

독수리 사냥꾼(Бургэдтэй анчин, 부르게드테 안친)이 훈련한 독수리의 사냥 정확도를 평가하는 시합으로, 이 축제의 하이라이트다. 사냥꾼은 독수리를 일정 거리(약 100m 이상) 떨어진 언덕에서 풀어주고, 독수리가 목표물(여우나 늑대 모피로 만든 모형) 사냥 후 돌아오도록 소리를 내며 손에 앉히는 데 성공해야 한다. 독수리가 목표물을 얼마나 정확하게 포착하는지, 목표에 도달하는 시간, 사냥꾼과 독수리 간의 호흡, 동작의 우아함 등 세부적인 평가 기준에 따라 챔피언을 선정한다. 시합의 참가자는 일반적으로 독수리 사냥을 숙련된 수준으로 수행할 수 있는 카자흐 전통 사냥꾼이어야 하며, 독수리는 최소 2년 이상 훈련된 상태여야 한다.

2 카자흐 민족 전통의상 경연

카자흐 전통의상이 가진 역사적 의미와 아름다움을 보존하고 널리 알리기 위한 행사다. 카자흐 민족의 상징색(빨강, 파랑, 금색 등)과 직접 수놓은 전통 무늬가 특징인데, 이는 의상뿐 아니라 행사장 내에 설치된 카자흐족 전통 게르 내부에서도 만날 수 있다. 벨벳 코트, 털모자, 가죽 장화 등 전통의상을 착용한 참가자는 독수리와 함께 등장하거나 말을 타고 등장한다. 각각 착용한 의상의 유래와 상징적인 의미를 소개하며, 심사위원에게 예술적 가치와 디테일 등을 평가받는다.

3 여행자도 참여할 수 있는 프로그램

여행객을 포함하여 축제에 참여하는 모든 이들이 몽골 전통 춤 원무(터이렁 부직, Тойрон бүжиг)를 함께 추는 행사가 있다. 한국의 전통 민속놀이 '강강술래'와 비슷한 전통춤으로, 고대 몽골인들이 거대한 불씨 주변을 돌며 춤을 추었던 것에서 유래된다. 원을 그리는 동작은 자연의 순환을 상징하며 초원에서 말들이 원을 그리며 뛰는 모습에서 영감을 받았다. 모든 사람들이 손을 맞잡고 원을 그리며 함께 춤을 추는데, 이는 화합과 기쁨을 나누는 유목민의 전통 문화다. 그 외에 카자흐 전통 음악 공연, 말타기, 전통 활쏘기 등 모든 이들이 참여할 수 있는 즐길거리가 가득하다.

광활한 초원 만큼 푸근한 정이 한가득
전통 음식

몽골의 전통 음식은 크게 육류인 올랑이데(붉은 음식)와 유제품인 차강이데(하얀 음식)로 구분할 수 있다.
동물을 활용해 생계를 꾸려온 유목민의 특성이 반영된 음식들이다.

허르헉 Khorkhog Хорхог

양고기를 먹기 좋게 썰고 당근과 감자, 그리고 뜨겁게
달군 차돌과 함께 솥에 익혀 먹는 요리. 귀한 손님이
왔을 때 대접하는 요리이며 주로 남성 가장이 만든다.
뜨거워진 차돌을 솥에서 꺼내 매만지면 건강해진다는
속설이 있다.

짐비 Jimbii Жимбий

고비 사막 남부 지역의 전통 건강식이다. 양고기와 양
파, 당근, 무, 감자, 그리고 얇게 민 밀가루 반죽을 함께
찐 다음 칼로 썰어 먹는다. 다른 양고기 요리에 비해 잡
내가 덜하고 담백하다.

셔를럭 Shorlog Шорлог

주먹고기 같이 크게 썰어 기다란 칼 모양 꼬치에 끼워
먹는 꼬치구이. 러시아의 꼬치구이 '샤슬릭'과 비슷하나,
셔를럭은 몽골인 입맛에 맞춘 소스를 가미한다. 가족
나들이 시 곁들여 먹거나 전통 시장에서 맛볼 수 있다.

초이왕 Tsuivan Цуйван

몽골식 볶음국수. 밀가루로 만든 넙적한 면을 양고기
와 감자, 당근 등 야채와 함께 볶는다. 소금으로 간하고
간장을 추가로 넣기도 한다. 몽골에서 일상적으로 먹는
음식이자 건강식으로 알려져 있다.

몽골에서 맛보는 제철 고기

계절에 따라 진가를 발휘하는 제철 과일이 있듯, 몽골에서는 계절에 따라 즐길 수 있는 고기가 다르다. 말고기와 낙타고기는 몸을 따뜻하게 해주는 효능이 있다고 알려져 주로 겨울에 즐겨 먹는다. 또, 염소고기는 여름에만 맛볼 수 있는 특별한 고기다.

몽골 음식 고르는 방법

몽골 식당의 메뉴판을 살펴보면 보통 1번 음식(1-p хоол)과 2번 음식(2-p хоол)으로 구분되어 있다. 전자는 주로 수프나 탕류를 말하고, 후자는 국물이 없는 주요리라고 생각하면 된다. 몽골에서는 국물이 있는 음식이 몸을 따뜻하게 만들고 건강하게 해준다고 믿는다.

보다태 호르가 Budaatai Huurga Будаатай Хуурга

몽골식 볶음밥. 초이왕과 만드는 방법이 거의 유사하다. 초이왕 조리법에서 밀가루 면 대신 밥을 넣고 간하여, 노릇노릇하게 볶아 만든다.

고릴태 술 Guriltai shul Гурилтай шөл

잘게 썬 양·소고기에 넙적한 밀가루 면을 넣어 끓인 몽골식 수프. 만드는 과정은 칼국수와 유사하지만 양념 없이 소금으로만 간한다. 면 대신 작은 물만두 반쉬(Банш)를 넣어 조리하기도 한다.

호쇼르 khuushuur Хуушуур

넓고 납작한 몽골식 튀김만두. 밀가루로 피를 빚고 양고기와 양파를 잘게 썰어 만든 속을 넣은 후 노릇하게 튀긴다. 현지인들은 케첩에 찍어서 시원한 콜라와 함께 먹는다. 나담 축제 기간에 먹는 국민 간식이기도 하다.

보쯔 buuz Бууз

몽골식 찐만두. 여러 재료를 다져 넣는 한국과 달리 대부분 양고기로 만두소를 만든다. 한 입 베어 물면 안에서 육즙이 많이 흘러나오므로 조심해서 먹어야 한다. 몽골의 설날 차강사르에 먹는 대표 음식이다.

유목민의 대표적인 환대 문화
전통 음료

몽골의 전통 음료는 필수 영양소 공급원이자 손님에게 내놓는 첫 번째 음식으로 통한다.
유목민의 생활과 자연환경, 문화적 전통이 빚어낸 몽골 대표 전통주와 유제품을 만나보자.

유목 생활의 시작과 함께한 전통 음료

몽골인들에게 젖이란 유목 생활에서 쉽게 구할 수 있는 자원이며, 높은
열량과 수분을 보충해 주는 영양 공급원이다. 유목민들은 가축에서 얻
는 젖을 이용해 다양한 음료와 음식을 만들었고 발효 과정을 통해 술로
발전시켰다. 특히 마유주는 발효 과정에서 영양가가 풍부해지고 보관 기
간이 길어져 가축의 젖을 보존하는 좋은 방법이기도 했다. 13세기 몽골
제국의 확장과 함께 전통 음료는 전쟁 승리를 기념하거나 신을 경배하는
데 중요한 역할을 했다. 몽골의 증류주는 고려 후기 원나라 간섭기에 한
국에도 전파된 것으로 알려져 있는데, 고려 시대에는 증류주를 이 이름
에서 따라 '아라길주'라고 불렀다고 한다.

유대감을 강화하는 음료 문화

몽골인에게 전통 음료를 나누는 것은 환대와 공동체의 상징이자 전통이
다. 마유주는 손님이 방문했을 때나 축제에서 중요한 역할을 하는데, 특
히 대표적인 몽골의 전통 축제인 '나담'에서 축제 참가자와 손님들에게
제공된다. 또한 전통적으로 샤머니즘과 불교 의식에서 술은 신에게 바치
는 제물로 사용되었고 지금도 하늘과 땅, 조상들에게 마유주를 바치는
의식이 이루어지곤 한다.

TIP
말가죽 자루
Хэхүүр 흐후르

가축의 젖을 발효시키고, 음료를 보관하거나 이동
할 때 사용되는 핵심 도구다. 말의 가죽을 벗겨 자
루 형태로 꿰매어 만들며, 내구성이 강해 발효 과
정에 적합하다. 안쪽은 자연적으로 코팅되어 있어
발효 과정에서 내용물이 새지 않도록 보호해 주
고, 외부 충격과 온도 변화에도 강해서 이동이 잦
은 유목 생활에서 매우 실용적이다. 손잡이나 고
리가 달려 있어 흔들거나 걸어두기 편하다.

국민 전통주, 마유주(Айраг, 아이락)

초원이 푸르고 젖 생산량이 풍부한 시기인 여름(6~8월)에 맛볼 수 있는 대표 전통주. 신선한 말젖을 가죽 부대나 나무통에 넣고, 효모와 자연적으로 섞이도록 해 발효시킨다. 발효 과정에서 부대를 계속 흔들어 주면 공기가 잘 통하고 발효가 고르게 진행된다. 이 과정은 일주일 정도 소요되며, 발효가 끝나면 말젖이 부드럽고 새콤하게 톡 쏘는 맛의 마유주로 변신한다. 마유주에는 비타민C가 풍부하고 노폐물을 정화하는 효과가 있으며 알코올 도수가 1~2% 정도로 낮아 몽골에서는 어린이들도 즐겨 마신다. 단, 처음 먹어보는 사람은 내성이 부족해 과하게 마시면 설사를 할 수도 있으니 주의할 것.

몽골식 보드카, 아르히(Архи)

아르히는 발효된 젖이나 곡물을 증류하여 만드는 전통 증류주다. 마유주를 큰 솥에 담아 가열하여 생성되는 증기를 냉각해 차갑게 식히고, 액체로 응축시키면 알코올 성분이 농축된 아르히가 만들어진다. 이 과정에서 솥에 열을 제공하는 화덕은 일정한 온도를 유지하여 증기가 균일하게 생성될 수 있도록 한다. 현대의 보드카와 형태가 유사하지만, 가정에서 전통적으로 증류된 아르히의 알코올 농도는 한국의 청주 정도다.

기타 전통 유제품

수테차 Сүүтэй цай

몽골인들이 즐겨 마시고, 손님에게도 제일 먼저 대접하는 차. 찻잎을 끓인 물에 우유를 넣어 만든 음료로 비타민이 풍부하다. 17세기 몽골에 불교가 전래되고 확산되면서 함께 퍼졌다.

타락 Тараг

끓인 우유에서 으름을 건져내고 남은 우유를 가열하여 만드는 몽골식 요구르트. 시중에서 판매하는 요구르트보다 시큼한 향이 강하고 점성이 높다.

으름 Өрөм

몽골의 버터. 우유나 양유를 끓였다가 식히면 생기는 지방과 단백질 막을 건져내서 만든다. 몽골인들이 가장 좋아하는 차강이데로 꼽힌다. 빵에 잼처럼 발라 먹는다.

아롤 Ааруул

우유 또는 양유에서 아르히까지 추출하고 마지막에 남은 치즈 성분을 걸러 말린 몽골식 과자. 만드는 과정에 따라 시큼한 맛에서 고소한 맛까지 다채롭다. 단, 살짝 비린내가 느껴질 수 있다. 명절이나 축제 기간에 많이 볼 수 있는 음식이다.

BBQ & HOTPOT

눈과 입으로 즐기는 다채로운 매력
몽골리안 바비큐 & 핫팟

불향 가득한 바비큐부터 감칠맛 나는 몽골식 샤부샤부 국물까지!
취향 따라 골라 먹는 재미는 기본, 화려한 불 쇼는 덤이다.

세계인들이 인정한 몽골 대표 맛집
더 불

몽골 최대 규모의 핫팟 레스토랑. 일인당 냄비를 하나씩 제공하여 취향에 따라 육수를 선택할 수 있다. 세트 메뉴는 완자, 다양한 채소, 볶음밥과 국수를 함께 제공한다. P.152

몽골 유목민 전통 퓨전 바베큐
모던 노마즈

양고기 및 소고기 등 부위별 몽골식 바비큐를 맛볼 수 있는 곳이다. 몽골 전통 방법으로 조리해 음식을 맛보기까지는 시간이 다소 걸릴 수 있다. 울란바토르시에 네 개의 분점이 영업 중이다. P.137

경치도 분위기도 최고
MG 핫팟

울란바토르에서 가장 고급스러운 몽골리안 핫팟 레스토랑. 신식 시설에 규모도 매우 크며, 단체 손님을 위한 대형 원형 테이블도 있다. 언제나 인기가 많아 예약 필수. 합리적인 가격에 런치 메뉴도 즐길 수 있다. P.137

울란바토르에서만 즐기는 특권
럭셔리 레스토랑

몽골에서도 화려한 샹들리에 아래에서 유럽식 요리를 즐길 수 있다.
대도시 울란바토르에서만 즐길 수 있는 럭셔리 레스토랑을 알아보자.

명실상부 몽골의 최고급 레스토랑
나담

울란바토르의 중심부 샹그릴라 호텔에 위치한 최고급 레스토랑. 몽골 음식부터 아시아 및 유럽 음식까지 메뉴가 다양하다. 특히 고급 수제 버거가 유명하다. P.140

와인이 맛있는 이탈리아 레스토랑
베란다

이탈리아 요리 전문점. 음식 맛도 좋고 다양한 와인을 맛볼 수 있어 현지인은 물론 유럽인 손님도 많다. 따뜻한 계절에는 촘촘한 불빛으로 수놓은 테라스 좌석이 인기다. P.139

미술관 안에서 식사를
블루핀 퀴진 디아트

몽골 예술가 연합 갤러리 건물 1층에 위치한 복합문화 레스토랑. 마치 미술관 안에 들어와 식사하는 느낌이다. 미국식 스테이크 및 유럽식 요리가 이곳의 대표 메뉴. P.138

분위기에 제대로 취하는 몽골의 밤
라운지 바 & 클럽

분위기 깡패 몽골 라운지 바 & 펍 BEST 4

야외 테라스에서 느끼는 바람의 향기
엣지 라운지

라마다 울란바토르 시티센터 호텔의 최고층에 위치한 루프톱 바. 여름에는 사방이 활짝 뚫린 야외 테라스에서 로맨틱한 야경을 즐길 수 있다. P.154

울란바토르에서 가장 높은 라운지
더 블루 스카이 라운지

23층에 위치한 럭셔리 바. 울란바토르의 랜드마크 수흐바타르 광장이 보이는 황금석은 예약이 필수다. 금요일마다 분위기 있는 라이브 밴드 공연을 즐길 수 있다. P.141

여행자의 발길을 사로잡는
그랜드 칸 아이리시 펍

시내에서 가장 넓은 공간을 보유한 펍으로 서울거리 입구에 위치한다. 거품이 살아 있는 생맥주와 호불호 없는 요리로 언제나 외국인들의 발길이 끊이지 않는다. P.142

맥주 마니아의 천국
브루셀스 비어 카페

가격대가 다소 비싼 편이나 세계 각지의 희귀한 맥주를 맛볼 수 있다. 맥주가 담겨 나오는 잔마저 유니크하다. 종업원의 친절하고 센스 넘치는 서비스는 덤. P.142

> **66**
>
> 수도 울란바토르에서는 화려한 나이트 라이프를 365일 내내 즐길 수 있다.
> 라이브 클럽의 경우 대부분 입장료가 있으나,
> 여성들은 수요일에 무료 입장이 가능하니 실속 있는 밤을 즐겨보자.
>
> **99**

흥부자를 위한 현지 라이브 클럽 BEST 3

붉은 벽돌을 타고 넘어오는 고품격 재즈
팻 캣 재즈 클럽 울란바토르

지하에 비밀스럽게 위치한 라이브 재즈 펍. 자리가
넉넉하지 않아 꼭 은밀하고 사적인 파티에 초대된
느낌이다. 주말에는 입장료가 있으며 공연 무대 정
면 자리는 예약이 필수다. P.141

몽골 젊은이들의 불타는 금요일
초코 메트로폴리스 클럽

서울거리 중심부에 위치한 일렉트로닉 클럽. 몽골
가요의 뮤직비디오 배경으로도 많이 나오는 젊은이
들의 성지다. 클럽과 라운지 공간으로 분리하여 운
영한다. P.154

라이브 바와 클럽의 결합
민트 클럽

울란바토르에서 가장 크고 유명한 나이트클럽. 현
지인뿐 아니라 다양한 국적의 여행자들로 항상 붐
빈다. 내부는 클럽 스테이지, 라운지 바, VIP룸으로
나뉘며 공간에 따라 다른 음악이 나온다. P.165

BEER & VODKA

여행의 피로를 풀어주는
몽골 맥주 & 보드카

몽골 맥주 BEST 5

천혜의 자연 한가운데서 들이키는 상쾌한 맥주 한잔은 하루의 고단함을 풀어주는 피로 회복제처럼 느껴진다. 몽골의 전통
음식과 함께 시원하게 곁들여 마시면 좋을 몽골의 대표 맥주 다섯 가지를 소개한다.

센구르 Сэнгур   알탄고비 Алтан говь   보르기오 Боргио   니스렐 Нийслэл   세룬 Сэруун

1 센구르 Сэнгур

2014 세계 맥주 어워즈 수상 경력이
있는 몽골 대표 맥주 브랜드다. 일반
라거 맥주의 도수는 4.8도이지만, 레
몬이나 사과, 망고맛 라들러 맥주는
도수가 1.9도 정도로 낮아 가볍게 즐
길 수 있다.

2 알탄고비 Алтан говь

몽골에서 가장 큰 사막 지역의 이름
을 땄다. 몽골어로 '알탄'은 금, '고비'
는 사막을 뜻한다. 풍부한 거품이 특
징인 알탄고비 맥주는 목 넘김이 가볍

고 상쾌하며 마무리는 달콤하다. 알
콜 도수는 5.1도.

3 보르기오 Боргио

1927년에 처음 만들어져 오랫동안
사랑받는 몽골인의 국민 맥주. 보르
기오는 몽골어로 '강의 여울'을 의미
한다. 도수는 5.5도로 몽골 맥주 중
도수가 가장 높은 편이다.

4 니스렐 Нийслэл

몽골에서 오래된 맥주 브랜드 중 하
나다. 맥주 이름이 몽골어로 '수도'를

의미하는 만큼 대도시 문화를 이끌어
가는 젊은이들이 주 고객층이다. 끝
맛이 부드럽고 달콤한 것이 특징이다.
도수는 5.0도.

5 세룬 Сэруун

조금 산뜻하고 가벼운 맥주를 원할 때
추천한다. 저온 여과 기술을 사용해
깨끗하고 부드러운 맛의 상쾌한 스파
클링 맥주다. 도수는 4.8도.

> 광활한 은하수 아래에서 맛보는 한잔의 술은 마음속에 오랜시간 자리할 것이다.
> 각종 국제 대회를 섭렵한 고품질의 맥주와 보드카를 몽골에서 직접 만나보자.

몽골 보드카 BEST 5

우리가 알고 있는 일반적인 보드카의 도수는 40도이지만, 몽골의 보드카는 35도에서 39도로 약간 낮다. 러시아의 제조 기술을 이용해 만든 몽골 보드카는 가격도 저렴하고 품질도 좋다. 보드카는 점성이 생길 정도로 차갑게 보관하면 최상의 맛을 볼 수 있다.

소욤보 Соёмбо · 징기스 CHINGGIS · 에덴 EDEN · 타이가 Тайга · 에복 EVOK

1 소욤보 Соёмбо
여섯 단계에 걸쳐 증류한 베스트셀러 프리미엄 보드카. 도수는 39.5도다. 몽골 국기에 나타나는 몽골의 상징 '소욤보'가 병에 새겨져 있을 정도로 몽골을 대표하는 품질을 자부한다. 다른 보드카와 비교하면 상대적으로 맛에 무게감이 있다.

2 징기스 CHINGGIS
국제대회에서 입상한 경력이 있는 명실상부 몽골의 대표 보드카. 도수는 39도다. 유기농 밀을 100퍼센트 사용한 깔끔한 보드카로, 알코올 냄새가 적으며 부드러운 목 넘김이 특징이다. 스탠다드, 블랙, 골드, 프리미엄 네 가지로 등급이 나뉜다.

3 에덴 EDEN
2016년에 출시된 따끈따끈한 신상 보드카. 유니크한 순록 디자인이 인상적이다. 석류 에센스가 가미되어 맛이 부드럽고 도수도 36도로 낮아 주로 젊은 사람들이 많이 찾는다.

4 타이가 Тайга
몽골 토양에서 자란 식물과 열매에서 성분을 추출해 만든 보드카. 계절별 제품에 따라 향과 맛, 색이 각각 다르다. 도수도 봄(Хавар) 38도, 여름(Зун) 35도, 가을(Намар) 38도, 겨울(Өвөл) 39도로 각각 다르다.

5 에복 EVOK
역시 국제대회 수상 경력이 있는 고급 보드카. 고급 브랜드를 생산하기 위해 하이네켄 국제 팀과 협력하여 2014년 출시했다. 도수는 39도.

여행의 추억이 한가득
여행 기념품점

홉스골 선착장 기념품점

각종 액세서리, 골동품 P.229

차탕족 순록 마을

낙타 인형, 순록 인형, 패션 잡화 P.230

• 홉스골

• 타왕복드   • 울기

울기 블랙 마켓

독수리 인형, 카자흐 문양 기념품 P.251

바양작 기념품점

낙타 인형, 골동품 P.202

욜링암 기념품점

염소 인형, 액세서리 P.205

고비 사막 •

몽골 기념품점은 도시와 지역에 따라 특성이 나뉜다. 울란바토르와 테렐지 기념품점은 다양한 상품을
한눈에 비교하며 살필 수 있고, 비교적 품질이 균일하며 가격이 저렴하다.
기타 지역 기념품점은 수공예품 위주라 조금 더 특별하지만, 기념품 가격은 상대적으로 높다.

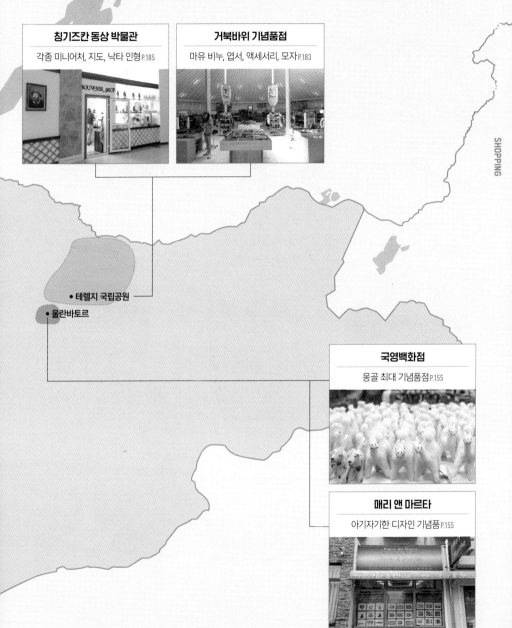

칭기즈칸 동상 박물관

각종 미니어처, 지도, 낙타 인형 P.185

거북바위 기념품점

마유 비누, 엽서, 액세서리, 모자 P.183

• 테렐지 국립공원
• 울란바토르

국영백화점

몽골 최대 기념품점 P.155

매리 앤 마르타

아기자기한 디자인 기념품 P.155

몽골 분위기 물씬 풍기는
추천 기념품

작고 예쁜 엽서나 자석부터 전통의상까지
오직 몽골에서만 살 수 있는 기념품을 골라보자.

4천 원~1만 원대

몽골의 마스코트
낙타 인형
🛍️ 전국 기념품점

4~5만 원대

섬유의 보석
캐시미어 머플러
🛍️ 캐시미어 아웃렛 등

7천 원~1만 원대

따뜻함이 두 배
낙타·야크 털양말
🛍️ 국영백화점, 차강 알트 울 숍

5만 원대~

몽골 전통 의상
델
🛍️ 나랑톨 시장, 하르허링 시장

5천 원~1만 원대

유니크한 전통 문양
수공예 파우치
🛍️ 국영백화점, 매리 앤 마르타

5천 원~1만 원대

여행의 추억을 되살려줄
몽골음악 CD
🛍️ 국영백화점, 샹그릴라 몰

5백~1천 원

아름다운 풍경을 단 한 장에
엽서
🛍️ 전국 기념품점

3천 원~1만 원

아기자기한 랜드마크
마그네틱 & 스노 볼
🛍️ 전국 기념품점

8천 원대

반짝반짝 고품격 카드 게임
칭기즈칸 황금 트럼프 카드
🛍️ 국영백화점

MART & DRUGSTORE ITEM

몽골 여행 고수가 추천하는
마트 & 드럭스토어 아이템

몽골 초콜릿과 술부터 건강식품까지 합리적인 가격의 상품은
지인 선물용으로 구매하더라도 안성맞춤이다.

귀여운 낙타 포장지
골든 고비 초콜릿

20여 년에 달하는 역사를 자랑하는 몽골 초콜릿 브랜드. 몽골의 마스코트 낙타가 그려진 밀크 초콜릿 시리즈부터 전통 가옥 게르 모양의 선물 세트까지 60종 이상의 다양한 제품이 있다.

2천 원대~

몽골을 대표하는 술
칭기즈칸 보드카

깔끔하고 부드러운 몽골 보드카. 근엄한 칭기즈칸의 얼굴이 그려져 왠지 모르게 더욱 믿음직스럽다. 품질에 따라 스탠다드, 화이트, 플래티넘, 골드 네 가지 등급으로 나뉘는데, 가장 고급 품질인 골드 제품이 유명하다.

750ml 1만 원대

칭기즈칸의 자양강장제로 유명한
호바하라 산자나무 열매 엑기스

고산지대의 극한 기후를 버틸 만큼 강한 생명력을 상징하는 몽골 대표 특산품. 비타민과 각종 영양소가 풍부하며 상큼한 향과 신맛이 특징이다. 대형마트나 드럭스토어에서 판매한다.

1세트 5천 원대

새콤달콤 건강해지는
에코 분말 비타민 차

몽골에서 나는 각종 열매를 분말 형태로 만든 차. 종류는 산자나무 열매, 월귤, 블루베리 세 가지이며, 비타민이 풍부하고 새콤달콤하다. 울란바토르 백화점의 지하 슈퍼마켓에서 판매한다.

5천 원~1만 원대

몽골 고산지대 약초
홍경천 엑기스

고산지대 바위 위에서 자라는 약초 홍경천으로 만든 액기스. 홍경천은 항스트레스, 피로개선에 효과가 있다. 모노스(MOHOC) 등 드럭스토어에서 쉽게 구할 수 있다.

1천 원~1만 원대

천연재료에서 추출한
할가이 탈모 샴푸

몽골 쐐기풀과의 한 종류인 약초 할가이에서 추출해서 만든다. 저자극성 성분으로 탈모 증상 완화와 발모 촉진의 효과가 있다. 몽골 전국 대형마트에서 구매할 수 있다.

5천 원~1만 원대

CASHMERE

섬유의 보석
캐시미어 아웃렛

'신이 내린 최고의 섬유'라 불리는 캐시미어는 다른 섬유보다 부드럽고 가벼우며 보온성이 탁월하다.
몽골에서는 천혜의 자연에서 얻을 수 있는 최고급 캐시미어 제품을 합리적인 가격에 구매할 수 있다.

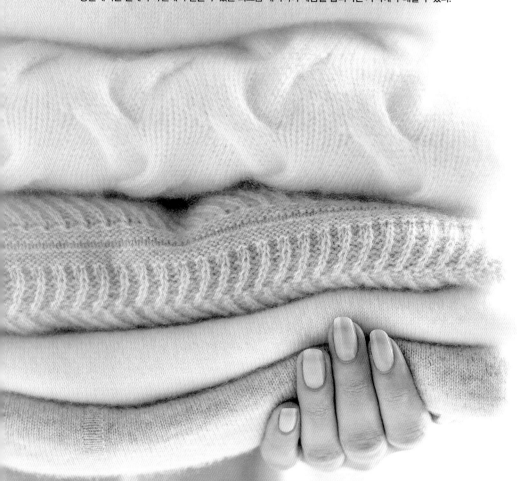

캐시미어가 만들어지는 과정

추운 계절이 찾아오면 보온성을 높이기 위해 염소의 거친 털 사이에 부드럽고 가느다란 털이 자란다. 이 털은 따뜻한 봄이
오면 털갈이를 하면서 빠진다. 털갈이 시기에 맞춰 채취한 보들보들한 염소 털이 캐시미어를 만드는 주요 재료다. 이때 털
채취량은 한 마리당 100~150그램에 불과하다. 게다가 이후 공정을 거치며 채취량 중 절반이 소멸되어 실제로 사용할 수
있는 실은 극소량이다. 고비 사막 고원에 서식하는 염소 털은 큰 일교차를 견디면서 섬유의 밀도가 높아져, 다른 지역 염소
털에 비해 훨씬 가늘고 길고 풍성해서 최고급 캐시미어 재료로 꼽힌다.

최고급 질과 다양한 디자인
고비 플래그십 스토어

몽골 최상급 고비 캐시미어를 판매한다. 가볍고 부드러운 느낌으로, 클래식하고 고급스러운 디자인이 특징이다. 유기농 제품 등 상품 구성도 다양하다. 패키지여행의 필수 코스이기도 해 계산대는 항상 북적인다. P.156

합리적인 가격으로 득템할 수 있는
엡섹 캐시미어 팩토리

고품질의 몽골산 캐시미어로 만든 기본 아이템을 합리적인 가격대에 판매한다. 시즌별 할인 행사와 프로모션을 많이 진행하기 때문에 다량의 제품을 구매하고자 하는 여행객에게 특히 추천한다. P.156

현지 젊은이들이 선호하는
고욜 캐시미어 팩토리 스토어

고욜은 젊은 감각으로 만든 심플한 디자인이 특징인 캐시미어 브랜드다. 고비나 고요 캐시미어와 비교하면 부드러운 느낌은 덜하지만 옷감이 탄탄해 관리하기는 한결 수월하다. P.156

도심 속 캐시미어 천국
갤러리아 울란바토르

수흐바타르 광장 오른쪽 고급 쇼핑몰 1층에 고비 및 고욜 캐시미어 매장이 있다. 주말에는 캐시미어 패션쇼를 관람할 수 있으며, 쇼핑몰에서 몽골 전통 공연도 진행해 볼거리가 많다. P.143

캐시미어 관리 방법

몽골에서 구입하는 캐시미어 제품은 대부분 캐시미어 100퍼센트로 만들어져 관리하기가 다소 까다롭다. 일단 화학물질에 매우 약하기 때문에 산소 및 염소계 표백제 사용은 금물이다. 또한 물세탁보다는 드라이클리닝이 적합하고, 건조 과정에서 비틀어 짜거나 건조기 사용은 금지다. 옷걸이에 오래 걸어두면 모양이 변형될 수도 있으니 개서 보관하는 것을 추천한다. 옷이 구겨졌을 때는 0.5~1센티미터 거리를 두고 스팀으로 다림질해야 한다.

STORE

몽골 현지 패션을 입다
백화점 & 쇼핑몰

몽골 울란바토르에는 다양한 외국 브랜드를 보유한 백화점은 물론이고, 고급 레스토랑, 영화관, 코인 노래방까지
입점한 대형 쇼핑몰이 있다. 현지 젊은이로 가득한 쇼핑센터를 살펴보자.

오프로드 여행자들의 필수 관문
국영백화점 Улсын их дэлгүүр

일주일 이상 긴 여정을 떠나는 첫날 방문하게 되
는 여행의 시작점. 기념품 구매는 물론, 환전부터
장보기까지 한 번에 가능해 언제나 여행자로 가
득하다. P.155

몽골 최대 복합 문화 공간
샹그릴라 몰 Шангри-Ла

명품부터 영캐주얼까지 다양한 브랜드가 입점한
몽골 최대 쇼핑몰. 현지인들이 특별한 날 찾는 고
급스러운 레스토랑, 영화관, 코인 노래방까지 다양
한 여가시설이 자리한다. P.144

몽골 패션 피플들의 집합소
피스 몰 PEACE MALL

개성 넘치는 몽골 청년들의 쇼핑 스폿. 우리나라
의 동대문 종합 패션몰과 비슷하다. 몽골 현지에
서 유행하는 의류와 패션 잡화들을 한눈에 살펴
볼 수 있다. P.155

MARKET

여행의 설렘을 담다
전통시장 & 대형마트

일주일 이상 머나먼 길을 떠나기 전, 만반의 준비를 하려는 여행자에게 시장과 마트는 필수코스다.
구경만으로도 설레는 몽골의 전통시장과 대형마트를 살펴보자.

몽골 최대 규모 시장
나랑톨 시장
Нарантуул зах

울란바토르 동쪽에 자리한 몽골 최대 규모의 전통시장. 눈을 보호하기 위한 고글, 뜨거운 햇볕을 막아주는 등산 모자 등 몽골 여행에 필요한 모든 것을 취급한다. P.166

사계절 내내 북적북적
하르허링 시장
Хархорин зах

총 7층으로 구성된 실내 시장으로 울란바토르 서쪽 외곽에 위치한다. 혹독하게 추운 겨울에도 활기가 넘친다. 몽골 전통 의상 델의 다양한 디자인을 이곳에서 만날 수 있다. P.157

이것이 바로 몽골의 술
아이락 시장
Айраг зах

홉스골에서 에르데넷 주로 가는 길에 위치한 몽골 전통 술 시장이다. 유목민이 직접 만든 아이락과 몽골 전통 우유 과자 아롤 등을 맛볼 수 있다. P.234

전 지역에 있는 국민 마트
너밍 올마트
НОМИН Оолмарт

큰 도시마다 있는 프랜차이즈 대형마트. 몽골 여행 시 두 번 이상 꼭 방문하게 된다. 식재료부터 간식, 주류까지 다양한 제품을 판매한다. P.167

몽골에 부는 한국 열풍
이마트
emart

한국의 프랜차이즈 대형마트가 몽골에도 있다. 1호 칭기스점, 2호 솔로 몰점이 있고, 북 카페를 보유한 3호 칸울점도 신규 개점했다. 한국 점포와 비슷한 상품군을 판매한다. P.167

쉽고 즐거운 여행 준비

성공적인
몽골 여행을 위한
준비 편

그림 같은 자연으로 떠나기 전 신경 써야 할 것이 많은 몽골 여행. 지역 특성상 꼼꼼한 준비가 여행의 완성도의 절반 이상을 차지한다고 해도 과언이 아니다. 설렘에 들떠 꼭 필요한 걸 빠뜨리지 않도록 만반의 준비를 해보자.

여행사별 후기부터 꼼꼼하게
몽골 여행 계획하기

초원이 끝없이 펼쳐진 몽골의 대륙은 대중교통만으로 여행하기 쉽지 않은 곳이다.
또, 한국에서 발급한 국제운전면허증은 몽골에서 효력이 없다. 따라서 가장 안전하고
쉽게 몽골을 여행할 수 있는 방법은 여행사 투어 프로그램을 이용하는 것이다.

몽골 여행만의 특징

몽골 여행은 자유여행과 패키지여행을 결합하여 진행한다. 일반적으로 여행자들이 방문하는 장소가 비슷해 여행사별 투어 프로그램 구성에 큰 차이는 없다. 투어 프로그램을 이용하면 차량과 운전기사, 숙소와 식당, 액티비티 예약을 한 번에 해결할 수 있다. 몽골인 가이드는 통역을 담당하기도 하고, 편의시설이 없는 지역에서 직접 요리하여 식사를 제공하기도 한다. 명소 간의 거리가 수백 킬로미터씩 떨어져 있기 때문에, 한 지역을 방문하면 그곳에서 하루 머물며 자유여행을 하는 형태로 진행된다.

투어 프로그램 견적 요청 방법

알맞은 여행사를 찾아 견적을 요청해야 한다. 여행 기간, 희망 명소, 동행 인원을 정리하여 견적을 요청한다. 여행사는 맞춤형 여행 일정을 계획하여 일인당 투어 비용을 산출하여 공지한다. 이때, 비용에 국립공원 또는 박물관 입장료, 액티비티 비용, 공항 픽업 및 센딩 요금, 가이드 및 운전기사 팁 등이 포함된 가격인지 꼼꼼히 확인해야 한다. 샤워 시설을 비롯한 편의시설이 있는 게르에서 묵으면 비용이 높고, 현지 유목민 게르나 텐트를 이용하면 저렴하다. ▶▶ 여행사 선정 방법 P.094

비용은 줄이고 추억은 더하는 동행 구하기

인원이 늘면 비용은 저렴해진다. 적정한 동행 인원은 차량 한 대에 탑승 가능한 최대 인원을 고려해 두 명에서 여섯 명이다. 여섯 명이 함께 여행하면, 두 명이서 여행할 때보다 여행 비용을 절반가량 아낄 수 있다. 그러나 여행 방법이 저마다 다를 수 있으므로 여행을 떠나기 전 동행과 여행 일정과 방법을 충분히 논의하길 권장한다.

동행과 여행 계획 시 주의할 점

최근 들어 여행 커뮤니티에서 여행에 동행할 것처럼 속여 접근한 사기범이 SNS를 통해 친분을 쌓은 뒤, 가짜 여행사 계좌로 여비를 가로채는 등의 신규 사기 수법이 등장했다. 오픈 채팅방에서 만난 동행 등 검증되지 않은 사람들과 여행 계획을 세울 때는 화상 또는 오프라인 모임을 통해 신원을 미리 꼭 확인할 것을 추천한다. 또한 여러 여행 커뮤니티에 홍보된 여행사라도 반드시 해당 업체가 실제로 등록된 합법적인 여행사인지, 사기 피해 신고 사이트에 신고된 이력이 있는지, 실제 여행사를 이용한 사람들의 후기 등을 꼼꼼히 점검해야 한다.

D-DAY에 따른
여행 준비 캘린더

몽골 여행이 처음이라면 아래 여행 준비 캘린더의 팁을 참고해 꼼꼼히 준비하자.
정보를 충분히 수집하고 여행을 준비한다면 걱정과 부담 대신 설렘만이 남을 것이다.

D-100
여행 정보 수집하기

몽골은 땅이 매우 넓어 여행지 간 이동 거리가 수백 킬로미터에 달한다. 이동 거리에 따라 여행 일정 역시 크게 바뀐다. 고비 사막을 중심으로 하는 남부 투어는 일주일 내외가 소요되지만, 홉스골 지역이 포함된 북부 투어는 보통 10일 내외가 소요된다. 여유로운 여행 스타일을 선호한다면 하루이틀 정도 추가하기를 추천한다.

- 발급 수수료
- 미성년자 여권 발급 시 부모 신분증과 가족관계증명서

여권 발급 수수료

종류	유효기간	수수료(26면/58면)	대상
복수여권	10년	47,000원/50,000원	만 18세 이상
	5년	39,000원/42,000원	만 8세 이상~ 만 18세 미만
		30,000원/33,000원	만 8세 미만
	5년 미만	15,000원	병역 의무자 중 미필자
기타	재발급	25,000원	잔여기간 재발급

D-90
여권 만들기

1 어디서 만들까?

서울에서는 외교통상부를 포함한 대부분의 구청에서 만들 수 있다. 광역시를 포함한 지역에서는 각 시·도·구청의 여권 발급과에서 발급한다. 외교부 여권 안내 홈페이지(www.passport.go.kr)에서 자세한 안내를 제공한다.

2 어떻게 만들까?

전자여권은 타인이나 여행사의 발급 대행이 불가능하다. 본인이 직접 신분증을 지참하고 신청해야 한다. 단, 만 18세 미만 미성년자의 경우에는 대리 신청이 가능하다. 대리 신청은 가족관계증명서를 지참해야 접수할 수 있다.

3 필요 서류

- 여권 발급 신청서(발급 기관 비치)
- 여권 사진 1매(6개월 이내 촬영, 3.5×4.5cm)
- 신분증(주민등록증이나 운전면허증)

D-80
항공권 발권하기

몽골을 여행하기 좋은 시기는 매우 짧아 여행자가 몰리기 십상이다. 최소 출국 두세 달 전 항공권을 예매하는 것이 좋다. 예매 시기가 늦을수록 항공권의 가격은 치솟는다.

1 한국에서 몽골로 가려면?

인천에서 울란바토르까지는 직항으로 약 3시간 40분 걸린다. 대한항공, 아시아나항공, 몽골항공, 제주항공, 티웨이항공 등이 주 3~15회 운항한다. 부산(김해)에서는 직항으로 약 4시간이 걸리며, 몽골항공, 제주항공, 에어부산이 주 4회 운항한다(성수기 기준). 성수기에는 대구, 제주 등에서도 특별 항공편을 운항한다.

2 항공권을 구입하려면?

항공사 홈페이지

기존에는 대한항공과 몽골항공만 운항하여 항공권 가격이 높게 형성되어 있었다. 2020년 아시아나항공, 2022년 제주항공과 티웨이항공이 몽골 노선을 신규 취항하면서

항공권 가격이 소폭 하락하였으나, 초성수기에는 80~100만 원(LCC 60~80만 원)대, 그 이외의 시기에는 40~50만 원대에 왕복 항공권을 구할 수 있다.

항공권 가격 비교 사이트
1회 이상 경유 등 조건에 따른 다양한 가격대를 보여준다. 발품을 팔아 더욱 저렴하게 구매하고 싶다면, 항공권 가격 비교 사이트를 통해 항공권의 시간과 운임을 비교해보자.

♠ 스카이스캐너 skyscanner.co.kr
♠ 인터파크투어 tour.interpark.com
♠ 땡처리닷컴 mm.ttang.com
♠ 트립닷컴 kr.trip.com/flights

D-70
동행 구하기

함께 여행을 떠날 친구가 있는 경우를 제외하고, 보통 몽골 여행 온라인 커뮤니티에서 함께 여행할 사람을 구해 떠나므로 나홀로 여행자도 두려워할 필요 없다. 몽골은 지역 특성상 외국인이 차량을 직접 운전해 여행하기는 어렵고, 반드시 현지 투어 대행사를 통해야 한다. 동행을 구한다면 인원이 많아질수록 비용 부담이 낮아지고, 추억은 깊어진다.

① **견적 요청** 여행사에 희망하는 여행 조건을 전달하고, 견적을 요청한다. 이때 원하는 가이드, 차량, 숙소, 액티비티 등을 구체적으로 설명한다.

② **동행 모집** '러브몽골' 등 온라인 여행 커뮤니티에 투어 일정을 게시하고 조건과 일정이 맞는 동행을 모집한다.

③ **친목 도모** 출국 전 동행과 만나 서로의 여행 스타일을 알아보고 친목을 도모하는 시간을 갖기를 권장한다. 최소 일주일에서 열흘 이상 함께 보내므로 서로 이해하고 배려하는 태도가 무척 중요하다.

④ **예약금 입금** 여행사에 예약금을 입금하고 여행 일정을 확정하고, 일행의 여권 사본, 왕복 항공권의 시간과 날짜를 취합해 여행사에 전달한다. 여행사와 공항 픽업 및 센딩 시간을 확정하고 필요한 증빙서류, 바우처 등을 일행에게 공유한다.

⑤ **잔금 처리** 여행 첫째 날, 예약금을 제외한 잔금을 동행과 나누어 지불한다. 여행 기간 동안 매일 장을 보므로, 필요한 공동 경비를 회비로 정해 모으면 편리하다. 회비는 인당 하루에 1~2만 원 정도가 적당하다.

D-60
여행 일정 & 예산 짜기

〈리얼 몽골〉로 여행 지역에 대해 파악하고 기본 준비를 마쳤다면, 관련 웹사이트나 블로그를 통해 몽골 여행 후기와 구체적인 여행 정보를 찾아보자. 일정과 함께 상세 예산도 짜보자. 현지 여행사에 지불하는 금액에는 가이드, 교통, 식사, 숙소, 액티비티 비용 등이 포함되어 있다. 장보기 비용이나 기념품 구매 비용은 별도로 책정해두자.

D-60
투어 여행사 예약하기

투어 여행사에 원하는 견적을 요청해 여행 비용과 포함사항 등을 꼼꼼히 비교하자. 네이버 카페 '러브몽골'을 통해 여행사별 후기를 살펴볼 수 있으니 참고하자. 특히 여행사가 몽골에서 정식 사업자등록증을 보유했는지, 여행업 등록이 되어 있는 업체인지 꼼꼼히 확인해야 한다.

▶▶ 여행사 선정 방법 P.094

D-40
숙소 예약 & 비자 발급하기

■ 숙소는 최대한 미리 예약

보통은 여행사에서 운영하는 게스트하우스에서 하루 정도 숙박한 다음 날 울란바토르를 떠나지만, 울란바토르에 하루 이상 머물길 원한다면 따로 숙소를 예약해야 한다. 여행사 담당자에게 안내를 요청하거나 예약 애플리케이션으로 숙소를 예약하자. 특히 여름 시즌은 극성수기이므로 최대한 빨리 예약하는 편이 좋다.

▶▶ 몽골 숙소의 모든 것 P.116

② 장기 여행자라면 비자 발급 필요

2022년 6월 1일부터 대한민국의 국민이라면 **최대 90일까지 무비자**로 몽골을 여행할 수 있다. 그러나 90일 이상 몽골에 체류할 예정이라면 장기 체류 비자 발급을 해야 한다 (주한 몽골 대사관 영사과에 별도 문의).

D-20
여행 준비물 탐색

체험할 액티비티는 많고, 날씨나 환경에도 변동 사항이 많아 유독 준비할 것이 많은 몽골 여행. 몽골 여행 준비물 P.098 목록을 하나하나 체크하며 차근차근 꼼꼼히 살펴보자.

D-10
여행자 보험 가입하기

유사시에 대비하여 여행자 보험에 가입한다. 또한 사고 발생 시에는 증빙서류가 있어야 한국에서 보상을 받을 수 있다. 도난을 당하면 현지 경찰서에서 도난 신고서를 발급받고, 사고로 다치면 병원에서 진단서나 증명서, 치료비 영수증을 꼭 수령하여 보관한다. 몽골에서는 규모가 큰 도시를 제외하고는 경찰서나 병원을 찾기 어려울 수 있으므로, 주변의 현지인에게 도움을 요청해 증빙서류를 발급받을 수 있는 방법을 찾자.

D-5
완벽하게 집 싸기

짐을 담을 캐리어, 그리고 여권과 카메라, 휴대폰 등 늘 몸에 지녀야 하는 물품을 담은 가벼운 크로스백을 준비하자. 빠진 것이 없나 체크리스트를 하나하나 지워가며 정리하자. 비슷한 캐리어가 많아 헷갈리거나 분실되는 경우가 종종 발생하니 캐리어 겉면에 스티커나 네임태그를 붙여 잘 구분되도록 하자. ▶▶ 몽골 여행 준비물 P.098

D-1
최종점검

공항까지 가는 방법을 다시 한 번 확인하자. 온라인 체크인(탑승 수속)은 보통 비행기 출발 24시간 전부터 가능하니 항공사 홈페이지나 애플리케이션에서 미리 체크인을 해두면 공항에서 여유 있게 시간을 활용할 수 있다.

D-DAY
출국

항공편 출발 두세 시간 전에는 공항에 도착하는 것이 좋다. 인천 국제공항에는 공항철도와 공항리무진을 타고 갈 수 있다. 공항에서 환전이나 여행자 보험, 통신사 로밍을 준비해야 한다면 공항 도착 시간을 앞당기도록 하자. 온라인으로 면세품을 구입했다면 면세품 인도장의 위치도 미리 확인하면 편리하다.

출국 순서

① **공항 도착** 항공편 출발 두세 시간 전에는 공항에 도착해야 한다.

② **탑승 수속 및 수하물 부치기** 이용 항공사의 카운터로 가서 여권 등을 제시하고 탑승권을 수령한다. 이때 수하물도 같이 처리한다. 셀프 체크인을 이용했다면 항공사 카운터에 따로 마련된 셀프 체크인 전용 창구로 가서 수하물만 부치면 된다. 만약 기내 반입 가능한 물품만 챙겼다면 수하물을 부칠 필요 없이 바로 출국장으로 이동한다.

③ **환전, 와이파이 기기 수령** 출국 게이트로 들어가면 다시 나올 수 없으므로 미처 준비하지 못한 것이 없는지 다시 한 번 확인하자. 환전 수령 및 통신사 로밍, 와이파이 기기 대여도 잊지 말자.

④ **출국 심사** 항공편 출발 두 시간 전부터 가능하다. 성수기에는 엄청난 인파가 몰려 대기 시간이 상상 이상으로 늘어나므로 준비를 마쳤다면 서둘러 출국 심사를 받자.

⑤ **면세품 수령** 미리 구매한 면세품이 있다면 해당 인도장으로 이동해 물품을 수령하자. 여권과 탑승권, 물품 수령권을 지참해야 한다.

⑥ **탑승 게이트 대기** 탑승권에 기재된 게이트에서 탑승까지 대기한다.

⑦ **항공편 탑승** 승무원의 안내를 받아 해당 좌석에 앉고 기내 반입 물품은 상단 보관함이나 좌석 밑에 넣자.

⑧ **기내에서** 휴대폰은 전원을 끄거나 비행 모드로 전환하고 안전벨트를 착용한다.

질의응답으로 알아보는
투어 차량 선택 노하우

대표적인 몽골 투어 차량

푸르공 Пургон

푸르공은 기기조작이 단순하고 힘이 좋아 장애물이 있는 비포장도로가 많은 몽골에서 많이 사용한다. 내부가 널찍하고 사람이나 짐도 많이 실을 수 있어 제격이다. 차주의 취향이나 사용 목적에 따라 내부 디자인과 배치를 개조해서 사용하는 경우가 많다.

일반 승합차 Van

한국의 구형 스타렉스를 수입해 많이 사용한다. 에어컨이 있어 한여름에 여행한다면 적합하다. 푸르공에 비해 연비가 좋고, 무게감이 있어 승차감이 더 낫다. 목받침이 없는 좌석이 있으므로 서로 배려하여 번갈아 타기를 권장한다.

오프로드 투어 정보 Q&A

Q 직접 차량을 운전할 수 있을까?

A 몽골 교통안전법은 '도로교통에 관한 비엔나협약' 가입국에서 발급한 국제운전면허증만 효력을 인정한다. 한국은 비엔나협약이 아닌 제네바협약 가입국이므로 국제운전면허증이 있더라도 몽골에서 직접 운전할 수 없다.

Q 이정표도 없는 초원에서 어떻게 길을 찾을까?

A 몽골 투어 차량에는 내비게이션이 없다. 있더라도 일정 규모의 도시가 아니면 인터넷 문제로 제대로 작동하지 않는다. 기사들은 유목민에게 길을 묻거나, 시력에 의존해 수 킬로미터 앞에 있는 차를 따라간다.

Q 주행 중 차량이 고장나거나 사고가 발생하면?

A 몽골의 도로는 대부분 험난한 오프로드(Off-Road)다. 고장이 나면 기사가 직접 수리한다. 직접 수리하기 어려울 땐 도움을 줄 차가 올 때까지 기다려야 한다. 사고 발생 시에는 현장 사진을 촬영하자. 경찰이나 병원에서 증빙할 자료를 확보해야 여행사 및 보험사에 보상을 신청할 수 있다.

Q 다음 목적지 도착 시간이 궁금하다면?

A 몽골에서는 정확한 도착 시간을 묻는 일이 불운을 가져온다고 여긴다. 도착 시간을 묻기보다는 남은 거리를 물어보는 것이 좋다. 드넓은 대륙 몽골에 발을 들였으니 이왕이면 마음을 느긋하게 갖자.

Q 차량에 짐을 어느 정도 보관 가능할까?

A 푸르공과 스타렉스 모두 여섯 명을 기준으로 모든 캐리어를 적재할 수 있다. 다만 공간이 한정적이기 때문에 28인치 이하의 캐리어를 챙기는 것이 좋다. 매일 숙소를 옮겨 다니므로 기사는 하루에 한 번씩 짐을 내리고, 짐을 실을 때는 테트리스 벽돌처럼 촘촘히 쌓는다.

몽골 오프로드의 든든한 친구
푸르공 백과 사전

푸르공은 극한의 자연 속에서도 꿋꿋이 살아가는 몽골인의 삶과도 참 많이 닮았다.
유목 생활의 동반자이자, 여행자에게는 든든한 친구가 되어주는 푸르공에 대해 자세히 알아보자.

푸르공의 등장

푸르공(UAZ purgon, Пургон)은 1965년 구 소련에서 제작된 군용 및 다목적 차량으로, 몽골에서는 1970년대 초반부터 널리 사용되기 시작했다. 당시 경제 개발과 교통 인프라 개선을 위해 소련의 기술과 차량을 대규모로 도입하던 시기였는데, 푸르공은 특히 몽골의 험난한 자연환경에서 높은 실용성을 발휘하기에 빠르게 보급되었고, 지금은 유목 생활과 경제 전반에 걸쳐 중요한 도구로 자리 잡았다. 몽골 전역에서 다양한 목적으로 사용되며, 튼튼한 구조와 간단한 기계적 설계 덕분에 험난한 도로 환경에서도 신뢰받고 있다.

유목민의 동반자

광활한 초원, 사막, 산악 지형을 오갈 수 있는 푸르공은 계절에 따라 이동하는 유목 생활의 필수품이자, 시장에 판매할 가축이나 물자를 운반하는 데 사용하는 이동 수단이다. 때로는 야외 모임, 행사, 심지어 숙박에도 활용되며 드넓은 초원에서는 이동식 집처럼 사용되기도 한다. 기반 시설이 부족한 지방 소도시에서는 푸르공을 개조하여 구급차나 이동 병원으로도 사용한다.

푸르공의 특징

몽골의 오프로드를 탐험하는 여행자에게 푸르공은 필수 차량이다. 차량 부품을 쉽게 구할 수 있고, 구조가 단순해 고장이 나더라도 운전자가 쉽게 수리할 수 있어 유지보수 비용이 적게 든다. 또 필요에 따라서 좌석 배열을 자유롭게 개조하기도 용이하다. 극한의 추위와 더위를 견딜 수 있도록 설계되어 있고, 비포장도로와 초원, 사막, 강을 가로지르는 데 적합하다. 이처럼 강인한 생존력을 상징하는 푸르공은 단순한 차량을 넘어, 일상에서 늘 함께하는 몽골인들의 친구 같은 존재다.

푸르공의 구조

- **외관** 상자 모양으로, 내부 공간을 최대화하여 사람이나 물자를 운반하기에 적합하다.
- **차체** 튼튼한 강철로 만들어져 충격에 강하며, 험한 지형에서도 잘 견딜 수 있다.
- **높은 지상고** 차체와 지면 사이의 간격이 넓어, 바위나 도랑을 넘기 쉽다.
- **내부** 내부 공간은 좌석 배치와 적재 공간을 쉽게 변경할 수 있어, 사람, 물자 등을 운반하기 용이하다.
- **전방 엔진** 엔진은 운전석 아래에 위치하며, 공간 활용을 극대화하고 차량의 무게 중심을 낮추는 역할을 한다.
- **저속 기어** 험지에서 쉽게 주행할 수 있도록 저속 기어 기능이 장착되어 있다.
- **4륜 구동** 앞뒤 바퀴에 모두 동력을 전달하는 4륜 구동 방식으로, 험난한 도로나 비포장도로에서도 강력하다.
- **타이어** 오프로드 주행을 위해 큰 타이어가 장착되어 있으며, 진흙, 모래, 눈길에서도 안정적으로 주행할 수 있다.

TIP
푸르공 탑승 시 유의할 점

몽골 대부분의 도로는 비포장도로이기에 여행 중 타이어가 손상되어 교체하는 일이 빈번하다. 바위나 강, 모래 등 예상치 못한 장애물을 넘어야 하는 순간들도 많다. 장거리 여행 시 다소 차량의 흔들림으로 인해 피로감이 생길 수 있다는 점은 어느 정도 감안하자. 몽골의 날씨는 변덕스러워서 비가 오면 도로가 진흙으로 변하기도 하고, 겨울에는 얼음길로 위험할 수 있다는 점도 참고하자. 여행 전, 차량 고장이나 사고 발생 시 어떻게 대처할지 미리 드라이버와 논의해 둘 것을 추천한다.

한국 VS 몽골 현지 여행사
여행사 선정 방법

여행사를 통해 가이드, 기사, 숙소, 식사가 모두 포함된 금액으로 몽골을 여행할 수 있다.
동행 인원, 숙소 시설, 식사 방법, 일정에 따라 가격은 달라질 수 있다.

여행사 비교하기

◆ 성수기 기준

한국인 맞춤형 상품 **한국 여행사**	**VS**	따라올 수 없는 가성비 **몽골 현지 여행사**
1일 투어 비용 17~20만 원대 (6인 그룹에서 개인 할당 비용, 성수기 기준)	 가격	**1일 투어 비용 15~18만 원대** (6인 그룹에서 개인 할당 비용, 성수기 기준)
예약은 한국에 있는 여행사에서 진행한다. 투어 프로그램은 한국 여행사와 파트너십을 맺은 몽골 현지의 투어 업체가 담당한다.	 운영	몽골 현지 여행사와 게스트하우스를 함께 운영하는 경우가 많다. 한국에서 동행을 구해 SNS 메시지, 이메일 등으로 투어 프로그램을 신청하거나, 게스트하우스에서 다른 나라 여행자와 함께 투어를 신청할 수도 있다.
• 한국인 선호 지역 위주의 상품 구성 • 매일 한식 제공 서비스 가능 • 한국어 구사 가능한 가이드 배정 • 한국 여행사를 통해 빠른 질의응답 가능	 특징	• 실제 유목민과 만남 및 문화 경험 용이함 • 다양한 나라의 음식 제공 • 외국인 동행 시 영어 구사 가이드 배정 • 저렴한 가격으로 근교 당일치기 여행도 가능

TIP

여행사를 통한 여행 시 주의할 점

여행사가 사업자등록증을 보유했는지, 여행업 등록을 인증받은 업체인지 사전에 꼭 확인하자. 가이드의 인솔자 자격증 보유 여부도 확인해야 한다. 또한 비상시를 대비해 담당자의 연락처를 알아두는 편이 안전하다.

TIP

몽골 여행 준비의 필수 코스, '러브몽골'

러브몽골은 몽골 여행을 준비하는 모든 여행자의 필수 방문 카페. 러브몽골을 통해 여행사의 사업자등록 여부를 확인할 수 있으며, 다양한 이용 후기는 여행사 선택에 좋은 참고 자료가 된다. 최근 러브몽골을 사칭하는 사이트가 생겨나고 있으니 주의하자. 수십 명 이상의 단체 여행은 러브몽골 카페 관리자에게 직접 문의해보자.

 cafe.naver.com/lovemongol 🅿 러브몽골

한국인 맞춤형 여행사 추천

오다투어

20년 경력의 몽골 현지 여행사와 파트너십을 체결하여 양질의 여행 프로그램을 제공한다. 한국인이 선호하는 고비와 홉스골 지역을 서비스한다. 담당자의 빠른 피드백과 무료 픽업 서비스가 가장 큰 장점. 경험 많은 운전기사와 여성 가이드는 내내 든든한 도우미가 되어준다.

 오다투어 odatour@naver.com
 odatour.com

몽골리아 세븐 데이즈

15년 경력의 몽골 전문 여행사로, 서울과 몽골 현지 여행사 두 곳을 직접 운영한다. 2인 소그룹 여행부터 자유 여행, 패키지여행, 테마 여행 등 선택지가 다양하다. 몽골 전 지역을 모두 가이드하며, 모든 숙소와 식사는 본사 직원이 직접 머물러보고 먹어본 곳을 추천한다.

 mongolia7days@gmail.com mongolia7days.com

몽골 현지 여행사 추천

현지 여행사 예약 시 담당자와 이메일로 소통하여 빠른 피드백이 어려울 수 있으니 시간을 여유롭게 넉넉히 잡자. 한국에서 동행을 구해 여행을 떠난다면 한국어 구사가 가능한 가이드가 근무하고 있는지도 함께 문의하자.

홍고르 익스페디션 Khongor Expedition

20년 이상 많은 여행자가 선택한 베테랑 여행사. 저가 여행부터 고급 시설의 관광 캠프까지, 취향에 따라 이용할 수 있는 맞춤형 프로그램이 마흔 가지가 넘는다. 고프로 등 촬영 장비를 대여할 수 있고, 한국어에 능통한 가이드도 있다. 일찍 예약하면 약간의 할인 혜택을 제공한다.

 +976 9925-2599 khongorexpedition1999
 Reservation@khongorexpedition.com
 khongorexpedition.com

우드피커스 인 투어 Woodpecker's Inn Tours

가족 같은 분위기에서 몽골을 온몸으로 느끼는 여행의 로망이 실현되는 곳. 여사장님이 영어와 독일어에 능통해 유럽 각국의 여행자가 즐겨 찾는 여행사로, 최근 한국어가 가능한 가이드까지 섭외했다. 나담 축제, 전통 공연 체험 등의 테마 투어, 근교 투어 등을 수행할 수 있는 전용 운전기사와 든든한 가이드들이 함께해 맞춤형 프로그램도 운영한다.

 +976-8599-1198 undralita@hotmail.com
 instagram.com/welovewoodpeckertours

매일 밤 두 눈에 담는
은하수 촬영 꿀팁

고도가 높고 깨끗한 공기를 가진 몽골에서는 도시를 벗어나면 어디에서든 쏟아질 것만 같은 은하수를 볼 수 있다.
두 눈에 비치는 그대로를 사진에 담고 싶다면, 아래에서 소개하는 사진 촬영 꿀팁을 주목하자.

별 사진 촬영 시 필요한 카메라 구성

카메라
DSLR, 미러리스, 하이엔드 카메라 등 수동으로 촬영 모드를 조작할 수 있는 카메라가 필요하다.

렌즈
DSLR의 경우 풀 프레임 기종은 24밀리미터 내외, 크롭 바디 기종은 12밀리미터 이하의 렌즈를 추천한다.

타이머 릴리즈
흔들림 없는 사진을 찍기 위해 유선 및 블루투스 리모컨을 사용해야 한다. 카메라 자체에서 자동 타이머를 맞춰도 된다.

삼각대
바람이 다소 불기 때문에 단단히 고정할 수 있는 튼튼한 삼각대가 필요하다.

유용한 스마트폰 애플리케이션

StarCapture
별 사진 찍기에 특화된 스마트폰 앱. 카메라의 빛 노출 정도와 ISO 값을 설정할 수 있어 별 사진을 쉽게 찍을 수 있다.

Star Walk
스마트폰 카메라를 하늘 방향으로 놓으면 실시간으로 인식해 3D 별자리 정보와 국제 우주 정거장 위치 등 유용한 정보들을 제공한다.

StarCapture

Star Walk

카메라 촬영 방법 가이드

STEP 01 시간과 장소 선택

별을 찍기에는 어두운 장소가 좋다. 주위가 밝으면
카메라가 별을 제대로 담지 못한다.
여름철에는 보통 밤 10시부터
새벽 2시 사이가 좋다. 달이 너무 밝으면
별이 잘 보이지 않는다.

STEP 02 삼각대 설치

선택한 장소에 삼각대를 설치하고 흔들리지
않도록 카메라를 단단히 고정한다.

STEP 03 카메라 기능 조작

· 조리개값(F)을 4~5 이하로 최대한 낮추자.
· 감도(ISO)는 대개 3,000~4,000 정도로 맞추지만,
  주변 밝기에 따라 조절한다. 너무 낮추면 노이즈가 강하게
  나타난다.
· 셔터속도(초)는 20~30초로 맞춘다.
· 렌즈의 손 떨림 방지 기능을 끈다.
  화이트밸런스는 'JPG 3,500K'로 맞추는 것을 추천한다.

STEP 04 초점 맞추기

· 촬영모드는 '수동모드(M)'로 설정하고
  초점은 무한대로 맞추자.
· 초점을 잡을 수 있는 대상이 있다면
  자동초점모드(AF)로 초점을 맞춘 후
  수동초점모드(MF)로 변경해야 한다.

STEP 05 촬영 콘셉트 적용해보기

손전등, 별 지시기(장거리 레이저 포인터)
등을 활용하여 다양한 촬영 콘셉트를
적용해보자.

STEP 06 촬영

· 블루투스 제공 기종은 블루투스 리모컨을
  사용하고, 와이파이 제공 기종은
  핸드폰 애플리케이션과 연동하여 촬영한다.
· 모두 제공하지 않는 기종이라면 셀프타이머를
  3초 정도 설정하여 촬영하자.
· 촬영을 시작한 후 3~4장은
  꼭 사진을 확대하여
  초점이 맞는지 확인하자.

TIP
바람을 가르며 떨어지는 몽골의 별

가끔 몽골 하늘에서 유독 빠르게 움직이는 별을 볼 수 있다. 보통 위에
서 아래 방향으로 직선을 그리며 떨어지면 별똥별이다. 주변보다 유독 밝
은 별이 옆으로 계속 이동한다면 지상 400킬로미터 상공에 떠 있는 국제
우주 정거장일 가능성이 높다. 지금 이 순간에도 저궤도를 시속 약 2만
7,000킬로미터라는 무시무시한 속도로 날아다니는 국제 우주 정거장이
바로 내 머리 위에 있는 것을 발견했다면 큰 행운이다.

마지막까지 확인해야 하는
몽골 여행 준비물

필요한 준비물이 유독 많은 몽골. 현지 마트에서 구매할 수 있는 물품도 있지만
최대한 한국에서 미리 준비하면 시간과 비용을 절약할 수 있다.

몽골 여행 필수 준비물

침낭·목 베개

몽골 여행에서 가장 중요한 준비물. 게르에 담요가 없는 경우도 있고, 빨래하기가 어려워 대개 침낭을 사용한다. 대부분 베개를 구비하지 않은 게르에서 목 베개는 훌륭한 베개 대체제다.

보습 제품·자외선 차단 물품

극도로 건조한 몽골에서 선크림, 수분 크림, 바세린, 립밤 등 보습 제품은 필수다. 직사광을 피하기 위해 선글라스, 우산, 긴팔 티셔츠 또는 팔 토시를 준비하자. 몽골 초원은 바람이 강하므로, 끈이 달려 있고 챙이 넓은 모자를 준비하면 좋다.

손전등·베드버그 스프레이·핫 팩·수건

손전등은 전기 사용이 어려운 밤에 유용하며 밤하늘에 별을 찍을 때에도 활용할 수 있다. 초원을 여행할 때 벌레 퇴치 스프레이는 제 역할을 톡톡히 한다. 단, '화기엄금' 표시가 없는 제품만 수화물로 부칠 수 있다. 핫팩은 기온이 낮아지는 밤에 활용도가 높고, 캠핑용 드라이 수건은 물때가 생기지 않고 젖은 상태에서 세 시간 후면 말라 사용하기 편리하다.

머미형 침낭

직사각형 침낭

여행을 위한 기본 준비물

기본 준비물

항공권, 호텔 바우처, 여행 일정표, 여권, 여권 사본, 여권 사진, 〈리얼 몽골〉 가이드북은 필수. 병원에 갈 상황이 생길 경우를 대비해 영문판 여행자보험 사본도 챙기자.

세면도구

샴푸, 컨디셔너, 칫솔치약 세트. 물을 사용하기 어려운 경우가 많으므로 드라이 샴푸와 클렌징티슈를 챙기면 유용하다.

비상약

울란바토르 이외의 도시에선 약국을 찾기 어려우므로 비상약은 미리 꼭 준비해야 한다. 식중독약, 알레르기약, 지사제, 소화제는 꼭 준비하자.

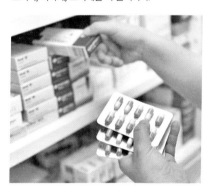

추가 체크 리스트

외부 활동 시 필요한 준비물

- **고글·마스크·면봉**: 거센 모래바람에서 얼굴을 보호하거나 모래를 빼낼 때 유용하다.
- **목장갑·여분의 바지**: 승마나 낙타 타기 필수품이다.
- **편한 신발**: 여행 내내 편리한 슬리퍼와 통기성이 좋은 신발로 준비하자.
- **수영복**: 첸헤르 온천 방문 시 필수. 일반 수영복, 래시가드 등 형태는 상관없다.
- **에어베드·돗자리**: 초원 위에 넓게 펼쳐 둘러앉아 주변 경치를 감상하기 좋다.
- **카메라·삼각대**: 별 사진 촬영 시 필수품이다. 배터리와 메모리 카드 확인 필수.
- **블루투스 스피커**: 지루할 수 있는 이동시간을 흥 나게 해준다.

숙소에서 유용한 준비물

- **귀마개·안대**: 빛과 소리에 민감한 사람이라면 꼭 준비하자.
- **휴대용 선풍기**: 게르 내 화로의 불씨를 만들 때, 머리를 말릴 때 유용하다.
- **옷걸이**: 수영복이나 수건을 널어 말리기 편하다.
- **멀티탭·보조배터리**: 공동 사용 시설에서 짧은 시간만 전기 사용이 가능하므로 꼭 준비하자.
- **지퍼백·진공팩**: 캐리어의 공간을 효과적으로 활용할 수 있다.
- **나무젓가락**: 라면을 먹거나 식사할 때 필수품이다.

TIP

초보를 위한 침낭 선택 방법 꿀팁

분류	동물털 소재	인공섬유 소재
충전재	·무게가 가볍고 보온성이 좋다. ·대체로 전문가용이라 가격이 비싸다. ·꾸준히 사용한다면 추천	·습기에 강하며, 세탁·건조·보관이 편리하다. ·할로우화이버 소재 침낭이 가격대비 품질이 좋고, 써모라이트 소재 침낭은 품질이 좋으나 가격이 비싸다.
무게	·인공섬유 소재보다 가볍다. ·오리털·거위털 침낭은 최소 1.5kg 이상이 적당하다.	·할로우화이버 소재 침낭은 최소 2kg 이상, 써모라이트 소재 침낭은 1.8kg 이상이 적당하다.
분류	**머미형**	**직사각형**
모양	·인체공학적 디자인 ·보온성이 뛰어나고 수납이 용이하다. ·자유롭게 움직이기 어렵다.	·직사각형 디자인 ·침낭 내부 공간은 여유로우나 보온성은 비교적 떨어진다.

알아두면 편리한
웹사이트 & 애플리케이션

구글 지도
Google Maps

몽골의 주요 여행지는 대개 건물이 없고, 인터넷이 잘 터지지 않아 현재 위치를 알기 어렵다. 구글 지도에서 오프라인 지도를 미리 다운로드하면, 인터넷이 연결되지 않았을 때에도 지도를 살펴볼 수 있다.

구글 번역

몽골어 번역 서비스를 제공하는 애플리케이션. 새로운 버전으로 업데이트하면서 몽골어 사진 스캔 및 음성 인식 번역 서비스도 이용할 수 있다. 오프라인 번역 서비스도 제공하고 있기 때문에, 인터넷이 잘 터지지 않는 초원 위에서도 유용하게 사용할 수 있다.

보름달 캘린더

은하수 감상을 위해 몽골을 방문하는 여행자라면, 이왕이면 달 없는 날을 참고하여 여행 일정을 짜는 것이 성공률을 높일 수 있다. 날씨가 흐린 날과 보름달이 뜨는 날에는 은하수 감상이 어려우므로 날짜별 달 모양 등의 정보를 표시해 주는 여러 사이트를 미리 참고하자.

🏠 한국어 d5.co.kr
🏠 영어 timeanddate.com/moon/phases

> 인터넷이 터지지 않는 오지라도 문제없다. 현재 위치를 아는 방법, 보기만 해도 어려운 몽골어 메뉴판을
> 스캔해서 번역하는 꿀팁까지! 몽골을 더욱 스마트하게 여행하기 위한 애플리케이션을 소개한다.

유비캡
UBCab

울란바토르 택시 예약 애플리케이션. 사용자와 가장 가까운 택시 운전사와 매칭을 시켜준다. 몽골 유심을 구매해 여섯 자리 번호를 받아야 사용할 수 있다. 시간에 관계없이 이용 가능하지만, 러시아워 시간대에는 약간의 추가 비용이 든다.

택시드유
Taxidyoo

울란바토르 사설 택시 요금 측정 애플리케이션. 몽골의 사설 택시는 미터기가 없이 대략적인 거리로 요금을 책정하는데, 택시드유는 이 거리와 가격을 측정해 준다. 최근 유가 인상으로 킬로미터당 2,000투그릭으로 계산하는 것이 시세이니 택시드유 앱에서 1,000투그릭으로 계산한 후 두 배 정도의 가격을 지불하면 요금 덤터기를 방지할 수 있다.

유비 스마트 버스
UB Smart Bus

몽골 울란바토르 버스 정보를 한눈에 볼 수 있다. 버스 번호, 정류장 검색, 도착 시간 정보, 정류장 위치 검색 서비스를 제공한다. 기본 언어는 몽골어다. 영어로 변경하고 싶다면, 메인 화면 오른쪽 하단의 설정 아이콘을 누르고, 'ХЭЛ СОНГОХ(언어 선택)'에서 'English'를 선택하자.

GUIDE
02

망설임 없이
따라 하는
실전 편

다른 여행지에 비해 긴 준비 과정이 끝났지만 몽골 입국
후에도 마음을 놓아서는 안 된다. 현지에서도 주의하고
유독 대비해야 할 점이 많은 나라 몽골! 드넓은 자연을 누
비기 전 한 번 더 꼼꼼히 점검하자.

헤매지 않고 바로 통하는
몽골 입국 절차

울란바토르의 칭기즈칸 국제공항은 인천 국제공항에 비하면 아담한 규모여서 길 찾기가 어렵지 않다.
단, 도심까지 이동하는 공항철도가 없고, 공항 셔틀버스가 있으나 시간대가 맞지 않으면 이용하기 쉽지 않다.
짐을 가지고 공항에서 시내로 이동할 때는 택시 또는 픽업 서비스를 이용하는 편이 편리하다.

울란바토르 입국 절차

❶ 공항 도착
❷ 입국신고서 작성 후 입국 심사
❸ 수하물 수령 후 도착장 이동

❹ 경비 환전 P.110
❺ 유심 카드 구매 P.111
❻ 시내 이동 P.128

입국신고서 작성 요령

입국신고서는 칭기즈칸 국제공항에 도착하기 전 기내에서 미리 작성해두면 편리하다. 볼펜은 별도로 제공되지 않으므로 준비해두자.

МОНГОЛ УЛС / MONGOLIA Хууль зүй, дотоод хэргийн яам Ministry of Justice and Home Affairs	ОРОХ ХУУДАС ARRIVAL CARD	Албан хэрэгцээнд Official use only №
Ургийн овог / Family name: (해당사항 없음)	Эцэг, эхийн нэр / Surname: 성	Нэр / Given name: 이름
Иргэншил / Nationality: 국적	Төрсөн он, сар, өдөр / Date of birth: 생년 월 일	Хүйс / Sex: ☐ Эр / Male ☐ Эм / Female 남성 여성
Паспортын төрөл, № / Passport type & № 여권번호	Регистрийн № / Visa classification & № 몽골비자번호	Хүүхдтэй явая эсэх / Тийм / Yes Accompanying child: ☐ Үгүй / No 동반자녀여부
Duration of stay in Mongolia 체류 /for foreigners/ 기간 Up to 30 days ☐ Over 60 days ☐ Up to 90 days ☐ Over 90 days ☐	Purpose of visit: /for foreigners/ 방문 Official ☐ 목적 Business ☐ Private ☐ Tour ☐ Study ☐ Employment ☐	Transit ☐ Residence ☐ Trade ☐ Medical ☐ Other ☐
Address in Mongolia 몽골 숙소 주소		(Tel : 숙소 전화번호)
Аялалын дугаар / Transport № : 항공기 번호	Ирсэн огноо / Date of arrival: 도착 일자	Гарын үсэг / Signature: 서명

If you are planning to stay in Mongolia over 30 days you should get registration at the Foreign citizens and Naturalization office within 7 business days from arrival.
Если срок пребывания в Монголии свыше 30 дней вы должны зарегистрироваться в службе по делам иностранных граждан и натурализации в течение 7 рабочих дней с момента въезда.
如果您打算在蒙古居住超过30天以上，自入境之日起7个日内您将向居民局办理登记注册。

몽골을 대표하는 국제공항
칭기즈칸 국제공항

낯선 여행지에 첫발을 내딛는 공항에서 무엇을 해야 할지, 어디로 가야할지 두려워하지 말자.
칭기즈칸 국제공항은 규모가 작고 복잡하지 않아 필요한 시설을 찾기 쉽다.

칭기즈칸 국제공항 주요 시설

- **1층 주요 시설**

인포메이션 데스크

ATM

유심 카드 판매처

마트

- **2층 주요 시설**

항공권 발권 데스크

우체국

약국

카페 및 식당

- **출국장 주요 시설 (2층)**

출국장 입구

면세점

캐시미어 매장

기념품 숍

TIP

공항에서 택시 이용 시 팁

여행자에게 '택시'를 외치며 접근하는 사람들이 많다. 대부분 허가 없이 개인 자가용으로 영업하는 사설 택시다. 이런 택시들은 꼭 정확한 요금을 흥정하고 탑승해야 요금 덤터기를 방지할 수 있다. 공항에서 시내 중심까지 적정한 택시 요금은 100,000~120,000투그릭 내외다. 몽골에서 정식으로 운영하는 택시는 외관에 택시 표시가 있고, 내부에 미터 요금기가 설치되어 있다. 정식 택시 예약은 1층 인포메이션 데스크에서 할 수 있다.

각 도시로 가는 가장 합리적인 방법
울란바토르 주요 시외버스터미널

황금빛 사막이 펼쳐지는 남부와 카자흐족의 보금자리인 서부까지는 아스팔트 도로가 나 있다.
수백 킬로미터에 달하는 거리를 쉬지 않고 달릴 체력이 있다면 가장 저렴하게 타 도시로 갈 수 있는 방법이다.

몽골 동부로 향하는 시작점
텡게르 플라자 버스터미널 Tenger Plaza

한국의 도에 해당하는 몽골의 아이막(Аймаг)은 총 21개로 구성되어
있는데, 이 중 동부의 헨티(Хэнтий), 수흐바타르(Сухбаатар), 더르
너드(Дорнод) 아이막으로 가는 버스를 이곳에서 탑승할 수 있다. 주
로 현지인들이 많이 이용하는 터미널이다.

📍 47.913155, 106.978103

텡게르 플라자
버스터미널
주요 시설

매표소

통신사

승강장

전국으로 가는 대부분의 버스가 이곳에
드래곤 버스터미널 Dragon Bus Terminal

몽골 서부와 남부 등 유명 관광지가 있는 대부분의 지방 도시로 가는
노선과 중국, 러시아까지 이어지는 일부 국제노선을 운영한다. 티켓은
터미널 내 매표소에서도 구매할 수 있지만, 여름철 성수기에는 좌석이
빨리 매진되므로 온라인 사전 예약을 권장한다.

📍 47.910961, 106.819657

드래곤
버스터미널
주요 시설

매표소

ATM

승강장

TIP
4인 이상 일행이 모인다면
각 시외버스터미널에서 공식적으로 운영하는 버스 이외에도, 터미널 건물 외부에서 사설 차량을 이용할 수도 있다. 4인 이상 모이면 일반
자동차나 미니버스로 개인 기사와 함께 원하는 목적지까지 이동이 가능하다. 다만, 몽골어 소통이 가능한 현지인과 동행할 것을 추천한다.

여행의 낭만을 싣고 달리는
몽골 종단 철도

베이징에서 출발해 몽골을 종단하여 시베리아 횡단 철도로 이어지는 열차 노선. 1949년부터 1961년에 걸쳐 건설되었다.
전체 노선은 2,215킬로미터에 이르며, 국내선은 중국과 국경을 맞대고 있는 자밍우드부터 북쪽 도시 수흐바타르까지
약 1,110킬로미터다. 창밖으로 끝없이 펼쳐지는 아름다운 자연경관 때문에 관광 열차로도 인기가 많다.

러시아

이르쿠츠크

치타

울란우데

나우시키

수흐바타르

다르항

몽골

울란바토르

사인샨드

자밍우드

얼롄하오터

후허하오터

중국

베이징

주요 노선 정보

◆ 러시아-우크라이나 전시 상황에 따라 상시 운영 변경

몽골에서 출발하는 국제열차는 열차의 국적에 따라 약간의 요금 차이가 있다. 울란바토르 철도(УБЖД)에서 운영하는 열차보다 러시아 철도(РЖД)나 중국 철도(КЖД)에서 운영하는 열차가 약간 비싼 편이며, 어린이의 경우에는 성인 요금의 60~70

퍼센트 정도다. 열차의 좌석은 2인실(룩스)과 4인실(쿠페)로 나뉘며, 특히 2인실 좌석의 경우 인기가 많아 최소 한두 달 전에는 예약해야 얻을 수 있다.

> **TIP**
> 2020년 이전에는 울란바토르에서 모스크바까지 한 번에 갈 수 있는 정기노선이 있었지만, 러시아-우크라이나 전시 상황 이후에는 부정기적으로 운영한다. 일반적으로 모스크바까지 가려면 울란우데 또는 이르쿠츠크에서 모스크바행 기차로 환승하는 방법을 선택한다.

목적지	울란우데		이르쿠츠크		중국 내몽골자치구(후허하오터)	
국적	몽골철도	러시아철도	몽골철도	러시아철도	몽골철도	중국철도
운행주기	주 2회(토,일)		주 2회(토,일)		주 2회(월,금)	
요금	2인실 438,000₮ 4인실 281,100₮	2인실 450,600₮ 4인실 289,200₮	2인실 641,900₮ 4인실 420,600₮	2인실 666,100₮ 4인실 436,800₮	일반 303,600₮	2인실 431,300₮ 4인실 300,900₮
소요시간	14시간		23시간		25시간	

◆ 2025년 2월 기준

몽골 밖 주요 도시 소개

부랴티야 공화국
러시아 - 울란우데

울란바토르에서 야간열차로 14시간, 오후에 출발해 자고 일어나면 도착하는 가장 가까운 해외 도시. 몽골계 민족 부랴트인이 도시 인구의 30퍼센트를 차지하고 있으며 유럽식 건축물과 불교 예술이 융합된 이색적인 도시다.

시베리아의 파리
러시아 - 이르쿠츠크

시베리아 문화 예술의 중심. 수백 년 역사를 지닌 문화유산들이 도시 곳곳에 있어 볼거리가 많다. 지구에서 가장 깊은 담수호 바이칼 호를 만날 수 있다. 유럽의 정취와 아름다운 자연이 공존하는 시베리아의 낙원이다.

내몽골 자치구의 중심지
중국 - 후허하오터

중국 북부에 위치한 내몽골 자치구의 수도로, 몽골어로는 '푸른 도시'라는 뜻을 지닌다. 후허하오터 역에서 고속철도로 약 2시간 반이면 수도 베이징까지 이동할 수 있고, 중국 내 여러 주요 도시까지 이동하기도 편리하다.

몽골 종단철도 이용 방법

❶ 열차 승차권 예매 방법

울란바토르에서 러시아와 중국으로 가는 국제 열차 예약 사이트는 몽골에서만 접속이 가능하다. 따라서 승차권 구매는 현지에서 숙소 직원이나 여행사에 문의하는 편이 편리하다. 특히 여행자 대부분은 시간 여유가 많지 않으므로, 한두 달 전에 미리 몽골 현지 여행사 담당자의 도움을 받아 사전에 예약하는 방법이 가장 좋다. 온라인 사설 예매 대행 사이트를 이용하면 수수료가 매우 비싸다.

🏠 몽골 국제열차노선 예약 사이트
eticket.ubtz.mn(몽골에서만 접속 가능)

❷ 열차 승차권 현장 구매

울란바토르 기차역에 있는 승차권 판매 센터에서 열차 승차권을 판매한다. 이곳에 직접 방문하여 예매하는 방법이 비용은 가장 저렴하다. 국내선 매표소는 센터 건물 1층에, 국제선은 같은 건물 2층에 자리한다. 열차 운행 시간은 몽골 철도청 공식 페이스북을 통해 실시간으로 확인할 수 있다. 국제 열차는 최소 2달 전에는 예약해야 원하는 좌석을 얻을 수 있다.

🏠 몽골 철도청 facebook.com/UBTZOfficial
📡 47.908536, 106.883876

울란바토르 기차역 안내

승차권 판매 센터

탑승 플랫폼

울란바토르 기차역 본관 여행 정보 센터 / CU 편의점 / 대합실

> **TIP**
> 중국 위안이나 러시아 루블 환전은 몽골을 떠나기 전에 울란바토르 기차역에서 꼭 미리 해두자. 몽골의 투그릭(₮)은 몽골 국경에서 가까운 러시아 및 중국의 주요 도시에서도 환전이 어려우므로, 오직 몽골 현지에서 환전하는 방법밖에 없다.

출입국 심사 가이드

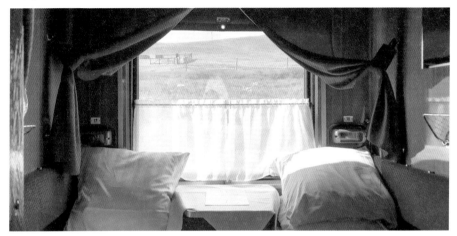

출입국 심사 과정 몽골에서 주변국으로 이동할 때 출입국 심사는 객실 침대에 앉아 진행한다. 러시아로 나가는 관문인 몽골 수흐바타르에서 출국 심사가 이루어지며, 몽골 경찰이 객실에 들어와 짐을 검사하고 여권을 확인한다(약 1시간 40분 소요). 이때 외국인 입국 신고서를 작성한다. 러시아 입국 심사는 러시아의 도시 나우시키에서 진행한다. 심사 후 입국 도장 이 찍힌 여권을 다시 돌려받는다(약 2시간 소요). 입국 신고서는 러시아를 떠날 때까지 꼭 여권과 함께 보관해야 한다.

국제 열차 승차권

외국인 입국 신고서

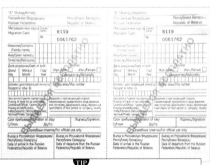

TIP
더 많은 정보를 얻고 싶다면
몽골 종단 철도의 정보를 더 알고 싶다면, 몽골 관광청에서 직접 운영하는
여행 정보 센터에 방문해보자. 관광청 건물 1층에 위치한다.

울란바토르 여행 정보 센터

🚶 수흐바타르 광장에서 도보 10분 거리,
Ulaanbaatar City Tourism Department
1층 🕐 09:00~17:00 📞 +976 7010 8687
@ info@turism.ub.gov.mn
🏠 visitulaanbaatar.net
📍 47.921862, 106.911588

환전 및 유심 카드

몽골 화폐 투그릭은 한국의 은행에서 대부분 취급하지 않는다. 따라서 현지 공항이나 은행에서 환전해야 한다.
몽골 여행 전 숙지해야 할 환전 방법과 유심 카드 구매 방법을 자세히 알아보자.

 몽골 투그릭 환전 방법

한국에서 투그릭은 희소한 기타 통화로 분류되어 있다. 인천 국제공항에서조차 투그릭을 취급하지 않으며, 몽골 국경에서 가까운 러시아의 주요 도시에서도 환전이 어렵다. 오직 몽골 현지에서 환전하는 방법밖에 없다. 따라서 사용할 만큼 소액만 환전하고, 울란바토르의 주요 쇼핑몰, 음식점, 호텔에서 지불할 큰 금액은 신용카드를 사용하자.

1 ATM 체크카드로 출금하기

칭기즈칸 국제공항과 국영백화점 등의 현지 주요 은행 ATM에서 해외 결제가 가능한 체크카드로 현금을 인출할 수 있다. 수수료는 인출금의 약 1퍼센트 내외로 저렴하다.

2 은행에서 환전하기

번호표를 뽑고 환전 요청서를 작성하여 데스크에 제출한다. 원화와 달러 모두 환율이 비슷하므로 어떤 화폐든 큰 차이는 없다.

3 신용카드로 결제하기

울란바토르의 주요 쇼핑몰, 음식점, 호텔에서 대부분 신용카드를 사용할 수 있다. 단, 비자카드 또는 마스터카드에 한해 사용 가능한 경우가 많으니 참고하자. 카드사에 따라 수수료 할인과 포인트 적립률 혜택에 차이가 있으며, 결제 금액의 약 0.2퍼센트에 해당하는 해외 결제 수수료가 붙을 수 있다.

몽골 유심 카드 구매 방법

몽골의 외국인 전용 휴대폰 선불 요금제는 한국의 요금제와 비교해 매우 저렴한 편이다. 몽골 전역에서 사용할 수 있고, 주요 도시와 가까울수록 속도가 빨라진다. 유심 카드는 울란바토르 도심에 위치한 4대 통신사 매장에서 구매할 수 있다.

유심 카드 주요 판매처 위치

칭기즈칸 국제공항(1층) P.104
· 통신사 모비콤
· 영업시간 매일 10:00~18:00

텡게르 플라자(1층), 드래곤 버스터미널(2층) P.105
· 통신사 모비콤, 유니텔, 스카이텔, 지모바일
· 영업시간 매일 09:00~20:00

몽골 4대 통신사 선불요금제

모비콤 MobiCom

· 주요 요금제   · 잔액 확인 *211# + 통화

데이터 5GB, 30일	데이터 10GB, 30일	데이터 20GB, 30일
12,500₮	20,000₮	30,000₮

유니텔 Unitel

· 주요 요금제   · 잔액 확인 *1411# + 통화

데이터 5GB, 30일	데이터 10GB, 30일	데이터 50GB, 30일
10,000₮	25,000₮	30,000₮

스카이텔 Skytel

· 주요 요금제   · 잔액 확인 *212# + 통화

데이터 6GB, 20일	데이터 12GB, 30일	데이터 24GB, 30일
20,000₮	30,000₮	40,000₮

지모바일 Gmobile

· 주요 요금제   · 잔액 확인 *311# + 통화

데이터 2GB, 15일	데이터 4GB, 30일	데이터 10GB, 30일
10,000₮	20,000₮	30,000₮

우리 돈으로 얼마?
몽골 화폐

몽골의 화폐에는 동전이 없다. 또한 화폐 가치가 낮고 단위가 다양해 숙지해둘 필요가 있다.
화폐에는 숫자와 몽골 위구르 문자로 금액이 적혀 있다. 500투그릭 미만에는 몽골의 독립운동가
수흐바타르 초상이, 500투그릭 이상에는 칭기즈칸 초상이 각각 그려져 있다.

★ 2025년 2월 기준

10투그릭 = 약 4.2원

50투그릭 = 약 21원

100투그릭 = 약 42원

500투그릭 = 약 210원

1,000투그릭 = 약 420원

5,000투그릭 = 약 2,100원

10,000투그릭 = 약 4,200원

20,000투그릭 = 약 8,400원

투어의 성공을 좌우하는
추천 장보기 리스트

하루의 일정을 시작하는 장보기 시간. 보통 하루에 한 번만 상점에 방문할 수 있으므로
꼼꼼히 체크하여 필요한 물품들을 놓치지 말자.

생수
가장 중요한 물품은 단연 물이다. 씻는 용도의 생수는 용량 대비 저렴한 5리터 이상의 대형 생수로 넉넉하게 구매하고, 가지고 다니면서 마실 식용 생수는 300~500밀리리터 내외의 용량이 적당하다.

두루마리 휴지·물티슈·쿠킹호일
공용 화장실은 재래식인 경우가 많고, 현지 유목민 게르에는 화장실 자체가 없기 때문에 휴지를 소지하고 다녀야 한다. 쿠킹 포일은 감자를 비롯한 재료를 싸서 화롯불에 구워먹을 때 유용하다.

맥주·보드카·육포
마트나 편의점에서는 매일 자정부터 오전 7시까지 주류 판매를 금지하니 그 전에 구매해두자. 선거일 등 특정한 날에도 술을 판매하지 않는다. 소고기, 말고기, 양고기를 말려 만든 몽골식 육포는 술안주로 제격이다.

라면·김치·김자반
냄비나 불을 구하기 어려우므로 이왕이면 컵라면이 간편하다. 김치는 몽골 마트에도 유통되어 구하기가 크게 어렵지 않다. 김자반은 입맛이 없을 때 입맛 돋우기에 좋다.

과일·과자·사탕·마시멜로
채소 섭취가 어려운 몽골에서 과일은 비타민 C를 보충하는 주요 수단이다. 과자와 사탕 같은 주전부리는 떨어지는 당을 보충하기에 제격. 여름이라면 초콜릿보다는 과자나 사탕을 구매하는 편이 좋다. 마시멜로는 캠프파이어나 게르 중앙의 화롯불에 다함께 둘러앉아 나무 막대기에 꽂아 구워먹기 좋다.

도시와 초원 비교 체험 극과 극
몽골 여행 생활 가이드

도시 생활

· **난방 방식** 울란바토르에 있는 건물 대부분은 중앙난방 시스템으로, 개별난방 시설을 갖춘 신식 건물은 숙박료가 비교적 비싸다. 또 보통 봄이 시작되는 5월부터 10월까지 난방이 되지 않는다. 온수 사용 시에는 노후된 파이프에서 녹물이 나올 수 있다. 온수 사용이 갑자기 중단될 때는 전기로 작동하는 순간 보일러를 사용하기도 한다.

· **우천 대비** 하수처리 시설 정비가 부실하다. 비가 한꺼번에 많이 내리면 울란바토르 도로 전체에 물난리가 난다. 여름에 소나기만 내려도 도로 사정이 심각해지므로 여름 샌들을 꼭 챙기자.

· **교통 상태** 울란바토르는 교통 체증이 매우 심하다. 출퇴근 시간에는 3킬로미터를 이동하는데 30분 가까이 걸린다. 2킬로미터 내외 거리라면 도보로 이동하는 것이 더 빠를 수 있다. 신호등에 상관없이 과격하게 운전하는 차량이 있으므로 주위를 항상 살펴야 한다. 미터기를 설치한 택시가 드물어 현지인들도 길에서 차를 잡아서 타는 경우가 많다. 울란바토르 시내에서는 보통 1킬로미터당 1,000투그릭으로 택시비를 계산한다. 탑승 전 거리와 가격을 정확히 확인하고 탑승하는 것이 좋다.

· **현금과 신용카드** 규모가 있는 식당과 쇼핑몰에서는 신용카드 사용이 수월하다. 반면, 소규모 상점이나 시골 상점에서는 현금만 사용할 수 있다. 팁 문화는 없으나 레스토랑 또는 호텔 종업원, 가이드에게 고마움을 표시하고 싶다면 1~2달러(2,000~5,000투그릭) 정도를 지불하면 된다.

- **게르 문화** 여행자 게르 캠프는 한국인뿐만 아니라 다양한 국적의 여행자가 방문한다. 펠트로 덮여 있는 게르의 벽은 방음에 취약하므로 밤 12시 이후에는 최대한 목소리를 낮춰 타인에게 피해를 끼치지 말자.

- **신성한 물** 몽골인들은 물을 매우 귀하고 신성하게 여긴다. 따라서 강가에서 식기를 세척하지 않는다. 강물 방향으로 방뇨하는 것도 금기시한다. 또 여행자 게르 캠프에 있는 화장실의 세면대나 샤워 시설에서 빨래도 금기로 여긴다. 세탁이 쉽지 않으므로 탈취제를 챙기면 도움된다.

- **세면 통과 화장실 이용방법** 물통을 반대로 꽂아둔 세면 통은 입구를 살짝 열고 그 위에 물을 부어 사용한다. 시골의 화장실에는 보통 문이 없고 대신 벌레가 있으니, 자연을 벗 삼아 초원에서 볼일을 보는 것이 더 편할지도 모른다. 이때 초원에서 부는 바람은 매우 강하므로 바람을 등지지 않으면 참사가 발생한다. 화장실이 없다면 언덕이나 움푹 패인 공간을 찾아서 해결하자.

- **우산 활용** 우산은 세 가지 용도로 쓰인다. 급변하는 몽골 날씨 특성상 갑자기 비가 쏟아진다면 비를 피할 수 있고, 또 날이 좋으면 햇빛 가리개로 사용한다. 볼일을 볼 때에는 가림막으로 유용하다. 언제든 꺼내 사용할 수 있도록 작은 우산을 가방에 항상 지니고 다니자.

- **초원 동물** 초원에는 무릎만 한 높이로 점프하며 돌아다니는 짜르짜(Царцаа)라는 벌레가 매우 많다. 사람을 물지는 않는다. 또 동물의 배설물이 곳곳에 있으므로 항상 바닥을 살펴야 한다. 특히 말이나 낙타는 배설물을 많이 배출하여 자칫하면 옷에 묻을 수도 있다. 맨 앞에서 타는 사람이 아니라면 앞 동물과 약간의 간격을 두고 타야 한다.

- **참을 수 없는 건조함** 바다가 없는 몽골은 내륙성 기후의 영향으로 건조하고 찬 공기가 부는데, 콧속으로 들어가면 코피가 나기 십상이다. 콧구멍에 유분기가 많은 연고나 바세린을 발라주면 도움이 된다. 건조함으로 통증이 생기거나 잠을 자기 어려우면 소금물로 코를 부드럽게 씻어 수분을 보충하거나, 수건을 물에 적셔 머리맡에 두어 가습 효과를 더한다.

- **지역 경찰서** 수도 울란바토르를 제외한 시골 지역에서는 경찰 두어 명이 컨테이너박스에 'POLICE' 간판을 걸어두고 업무를 본다. 경찰서를 찾기 어렵기 때문에 사건이나 사고에 휘말리는 일을 최소화 하는 것이 좋다.

나에게 맞는 숙소 찾기
몽골 숙소의 모든 것

**지역별
숙소 특징**

몽골의 숙소라고 하면 보통 초원 위의 게르를 떠올린다. 그러나 몽골에도 다른 유명 관광지 부럽지 않게 현대식 시설을 갖춘 리조트, 호텔 등 다양한 숙박 시설이 있다. 지역에 따라 그 특징도 다르다.

울란바토르

여행사를 함께 운영하는 도미토리식 게스트하우스부터 루프톱 바를 이용할 수 있는 4성·5성급 호텔까지 다양하다. 여행 시작 전이나 여행을 마치고 휴식하는 용도로 많이 이용한다.

테렐지 국립공원

도시에 사는 몽골 현지인들도 주말이나 여가시간에 나들이 가는 테렐지 국립공원에는 여행자 게르 캠프, 리조트, 호텔까지 종류가 다양하다. 시설에 따라 가격은 천차만별이다.

고비 사막 지역

몽골 남부에 자리한 고비 사막 지역은 물이 귀해 여행자 게르 캠프라도 대부분 샤워 시설이 부족하다. 혹, 샤워 시설이 갖춰져 있더라도 수압이 만족스럽지 못할 수 있다.

> 여행 기간 동안 매일 수백 킬로미터를 옮겨 다니며 만나게 될 몽골의 보금자리는
> 그 종류와 지역에 따라 천차만별이다. 여행을 시작하기 전,
> 투어 프로그램에서 선택할 수 있는 숙소의 특징과 문화를 꼭 숙지하자.

홉스골 지역

몽골 북부에 자리한 홉스골 장하이 지역에는 게르 캠프가 많이 모여 있다. 시설도 현대식으로 갖춘 편이다. 호수 지역 근처라 샤워 시설도 잘 갖춰져 있다. 대부분 전기도 잘 들어온다.

울기·타왕복드 지역

몽골 서부의 대표 도시 울기에는 외국인이 머물기에 충분한 게스트하우스나 호텔이 마련되어있다. 울기에서 오프로드로 하루를 꼬박 달려야 도착할 수 있는 타왕복드에서는 주로 여행자 게르 캠프에서 머문다.

자브항 및 기타 지역

하르 호수와 햐르가스 호수 등 여행객이 주로 찾는 관광 명소에는 여행자 캠프가 있지만, 이 외의 지역은 숙박 시설이 충분하지 않아 자연 속에서 캠핑을 하며 하룻밤을 지내야 하는 경우가 많다.

몽골의 주요 숙소 유형

텐트

넓은 초원의 나라 몽골에서는 캠핑 장비만 갖췄다면 텐트에서 낭만적인 하룻밤을 보내는 것도 좋다. 다만 몽골은 날씨 변동이 심하고 야생동물의 활동이 활발하며, 밤에는 매우 어둡다. 따라서 캠핑 지식이 있는 현지인의 도움을 받아 안전한 곳에서 텐트를 치는 것을 추천한다.

현지인 게르

유목민 가족이 외부 손님을 위해 만든 별채 게르. 전통 방식으로 지어졌다. 샤워 시설과 화장실이 갖춰져 있지 않은 경우가 많다. 유목민과 가장 가까이에서 생활하는 특별한 경험을 할 수 있다.

여행자 게르 캠프

얼핏 보기에 겉모습은 현지인 게르와 비슷하지만, 단체 관광객들을 위해 샤워 시설 및 레스토랑 등 현대식 편의시설을 갖췄다. 보통 수십 개의 게르로 구성된 캠프라고 생각하면 된다. 관광객 무리 단위로 별개의 독채를 제공한다. 샤워 시설과 화장실은 통상 공용이다.

일반적으로 투어 프로그램에는 숙소 이용이 포함되어 있으며, 여행사와 연계되어 있는 숙소에 배정한다. 더 좋은 숙소에 묵고 싶다면 추가 금액을 지불하고 변경할 수도 있다. 시설에 따라 금액 차이가 많이 나므로 여행사에 문의하여 결정하는 편이 좋다.

게스트하우스

하루 2~3만 원 정도의 저렴한 숙박비와 새로운 친구들과 교류할 수 있는 대화의 장은 게스트하우스의 매력이다. 몽골 게스트하우스에서 투어 프로그램도 함께 운영하는 경우가 많아 여행 일정이 맞으면 즉석에서 동행을 구해 함께 투어에 참여할 수도 있다.

리조트

여가시설과 숙박 시설을 함께 갖춘 휴양시설이다. 몽골의 리조트는 통나무집 독채와 호텔이 결합된 형태가 많고, 스파나 사우나 등 다양한 부대시설이 마련되어 있다. 레스토랑에서는 몽골음식뿐 아니라 서양음식 등을 다양하게 제공하며 서비스 수준도 높다.

호텔

대개 교통이 편리한 울란바토르에 밀집되어 있다. 룸서비스나 부가시설 이용 등 기본 혜택 외에도 컨시어지를 통해 택시나 식당이나 마사지 예약 서비스를 이용할 수 있다. 몽골에는 호텔이 많지 않고, 시설이 뛰어나지는 않다. 하지만 일주일 이상 게르에서 생활하다 보면 호텔은 천국과 다름없게 느껴진다.

REAL GUIDE

유목민의 보금자리
전통가옥 게르

수천 년에 걸쳐 몽골의 기후와 유목 생활에 알맞게 변화하며 계승된 전통 가옥 게르.
푸른 초원 위의 그림 같은 집이 여행기간 동안 우리를 포근하게 안아줄 것이다.

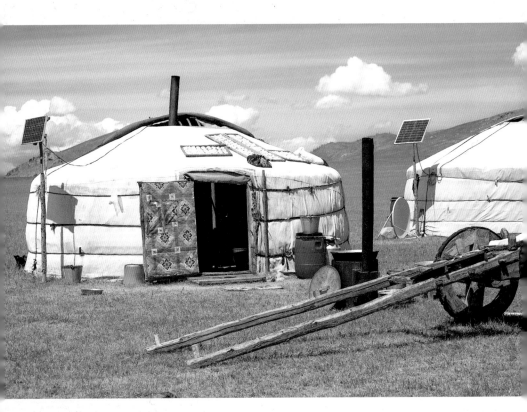

특징 　게르는 유목 생활의 특성에 맞춰 이동하기 편하게 개발된 주거 형태로, 전통 제작 방법은 2013년 유네스코 인류무형문화유산으로도 지정되었다. 구조 특성상 조립과 분해가 쉬워 어른 두세 명이 한 시간 이내에 조립하고 30분 이내에 분해한다. 게르의 둥글넓적한 구조는 겨울의 춥고 매서운 바람을 잘 견딜 수 있도록 완벽하게 설계되어 있다.

크기 　게르의 크기는 벽의 개수로 정해진다. 벽의 개수는 재산과 가족 규모에 따라 차이가 있다. 대부분의 게르는 다섯 개의 벽으로 만들어지며 생활공간은 약 다섯 평 내외다. 열다섯 개 벽으로 만든 거대한 게르는 지배층의 집이나 관청으로 사용되었다. 도시인은 주로 아파트 같은 현대식 건물에 거주하지만, 비용이 저렴하고 이동이 간편해 지금도 게르를 지어 사는 사람들도 있다. 기술이 발전한 요즘에는 게르 안에서 인터넷이나 전화도 가능하고, 태양광 발전기 등을 이용해 전기를 사용할 수도 있다.

120

구조 게르의 골격은 단단한 낙엽송과 휨성이 좋은 버드나무로 만든다. 게르를 둘러씨는 하얀 천막은 양털을 가공한 펠트천으로 만든다. 여름에는 한 겹으로 덮어 뜨거운 햇볕을 막고 시원한 바람이 들게 하며, 겨울에는 두세 겹을 덮어 보온성을 높인다. 둥그렇게 뚫려 있는 천장으로 들어오는 빛을 보고 시간을 파악한다. 게르 가운데에 놓는 화덕은 나무가 귀한 몽골 특성상 땔감 대신 말린 가축의 배설물을 넣어 불을 지핀다.

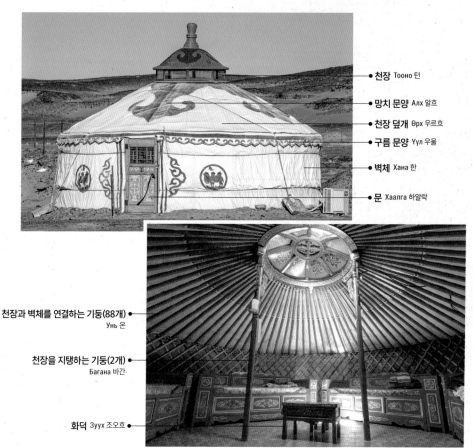

● **천장** Тооно 턴

● **망치 문양** Алх 알흐

● **천장 덮개** Өрх 우르흐

● **구름 문양** Үул 우울

● **벽체** Хана 한

● **문** Хаалга 하알락

천장과 벽체를 연결하는 기둥(88개) ●
Унь 온

천장을 지탱하는 기둥(2개) ●
Багана 바간.

화덕 Зуух 조오흐 ●

· 문틀이 낮으므로 머리를 부딪치지 않게 조심히 몸을 숙여 오른쪽 발부터 들어간다.
· 몽골인들은 문턱에 집안을 보호해주는 수호신이 있다고 생각한다. 따라서, 게르에 출입할 때 문지방을 밟으면 안 된다. 실수로 밟게 되면 다시 밖으로 나갔다 들어와야 한다.
· 게르를 지탱하는 두 개의 기둥은 부부를 상징한다. 기둥 사이로 지나다니는 것은 부부가 갈라선다는 의미를 가지므로 주의해야 한다. 기둥에 손을 대거나 기대는 행동도 금한다.
· 몽골에서 불은 신성한 존재로 여겨진다. 화로 안에 물을 붓거나 쓰레기를 버리는 행위, 화로를 뛰어 넘는 행위는 금물이다.
· 게르 안에서 휘파람을 불면 뱀이나 벌레를 불러온다는 의미를 가지므로 금기시한다.

자리 및 물건 배치

*문 밖에서 보았을 때 기준

· 자리는 상하관계나 나이 순서대로 안쪽부터 앉는다.
· 가장이 게르의 중앙, 안주인은 오른쪽에 앉는다. 손님은 왼쪽, 아이들은 출입문 쪽에 앉는다.
· 물건을 보관할 때 여성의 물건은 동쪽, 남성의 물건은 서쪽, 가장의 물건은 북쪽에 놓는다.
· 화덕은 세 개의 돌 위에 올린다. 이는 각각 가장, 가장의 아내, 며느리를 상징한다.

진짜 몽골을 만나는 시간

구역별로 만나는 몽골

한국 면적의 자그마치 15배. 몽골은 국토가 매우 넓어 일정에 따라 여행지가 한정된다.
수도와 비교적 가까운 테렐지 국립공원은 당일 여행도 가능하다.
고비 사막과 홉스골 지역은 여행지 간 거리가 멀어 하루에 보통 200~300킬로미터,
최대 500킬로미터까지 이동해야 하므로 최소 일주일 이상 소요된다.
구역별 특징을 미리 확인하고 일정과 취향에 맞게 여행 계획을 세워보자.

몽골 중부·북부(홉스골) P.210

몽골의 스위스라고 불리는 홉스골까지는 왕복 2,500킬로미터의 여정이다. 미니 사막 엘승 타사르해부터 초원 위에서 즐기는 쳉헤르 온천, 호르고 화산 등 몽골의 중앙에서 북부까지 아우르는 다채로운 경험을 할 수 있다. 특히 액티비티에 중점을 둔다면 강력 추천하는 여행지다.

몽골 서부(타왕복드) P.236

광활한 사막이 감싸고 있는 자브항을 지나서 카자흐족의 도시 울기까지 가는 길은 몽골에서도 가장 아름답기로 소문난 길로, 이동하는 내내 넋을 잃고 감상하기 바쁠 것이다. 고지대의 빙하가 녹아 우유 빛으로 흐르는 신비로운 차강골을 따라서 모험을 하다보면 포타닌 빙하로 둘러싸인 '만년 설산' 타왕복드가 기다리고 있다.

울란바토르

❶ 울란바토르 중심부 P.130

도시의 심장부. 밤이면 형형색색의 빛을 뿜어내는 수흐바타르 광장부터 미술관, 박물관 등 거리 곳곳에 역사가 서려 있다. 몽골을 대표하는 문화예술 극장들이 모여 있어 신기한 전통 공연도 감상할 수 있으며, 고급 레스토랑과 야경을 즐기기 좋은 고층 빌딩 라운지 바가 있다.

❷ 울란바토르 서남부 P.145

국영백화점을 중심으로 몽골을 대표하는 기념품점과 캐시미어 아웃렛이 밀집되어 있다. 유흥의 중심지 서울거리에는 라이브 바와 클럽이 즐비해 언제나 현지 청년들로 가득하다. 남쪽 복드칸 산기슭의 자이승 전승 기념탑에서는 도시 전체의 풍경을 한눈에 담을 수 있다.

❸ 울란바토르 동부 P.160

수도를 대표하는 전통시장 나랑톨 시장이 있고, 작은 노점과 대형마트가 모여 있어 현지인의 왕래가 많은 로컬 구역이다. 동부 아래쪽에는 한적하게 휴식을 취하기 좋은 울란바토르 국립공원이 있다.

테렐지 국립공원 P.176

울란바토르에서 약 70킬로미터 떨어진 곳에 위치하는 테렐지 국립공원은 당일 여행이 가능하지만, 보통 1박 2일 혹은 2박 3일 일정으로 즐긴다. 자연경관이 매우 아름답고 별 관측 명소로 유명하다. 인근에 몽골의 랜드마크 칭기즈칸 승마 동상과 13세기 마을이 있다.

중국

몽골 남부(고비 사막) P.192

최남단 고비 사막까지 왕복 2,000킬로미터 길이의 오프로드 여행을 떠나보자. 몽골 하면 떠오르는 황금빛 모래를 온몸으로 느낄 수 있다. 사막까지 가는 길목에는 몽골의 '그랜드 캐니언' 차강 소브라가와 여름철에도 시원한 얼음 계곡 욜링암 등 보기만 해도 가슴이 벅차오르는 명소가 많다.

CHAPTER

01

몽골 여행의 시작
울란바토르

#도시여행 #랜드마크 #식도락
#예술공연 #나이트라이프

몽골어로 붉은 영웅이라는 뜻을 지닌 몽골의 수도. 고층 빌딩과 5성급 호텔, 고급 레스토랑, 밤이면 라이브 공연으로 후끈해지는 루프톱 바까지. 초원과 사막만 있을 것 같은 상상 속의 몽골과는 다른, 반전 매력이 가득하다. 주요 명소는 대부분 걸어서 둘러볼 수 있어 도보 여행지로 안성맞춤. 경이로운 자연을 만나기 전 여행을 준비하거나, 여행을 마치고 휴식과 재충전하기에도 부족함이 없다.

공항부터 시내 이동까지
울란바토르 대중교통

칭기즈칸 국제공항에서 도심으로 가는 방법

칭기즈칸 국제공항은 울란바토르에서 남서쪽으로 약 50킬로미터 떨어져 있다. 대중교통을 통해 울란바토르 중심부로 이동하는 방법은 버스와 택시를 이용하는 방법뿐이다. 무거운 짐이 있다면 버스보다는 택시를 이용하거나 예약한 숙소에 문의하여 픽업 서비스 이용을 추천한다.

	택시	픽업 서비스	공항 셔틀버스
특징	• 정식 택시는 공항 안내데스크에 문의하여 이용 • 단, 정식 택시는 소수, 자가용으로 비허가 운행하는 택시가 다수	• 가장 편하고 안전한 이동 수단 • 숙소 및 여행사에 픽업 신청하여 이용	• 가장 저렴하게 도심으로 가는 방법(수흐바타르 광장까지 운행) • 성수기·비수기·평일·주말에 따라 운행 상황 변동 가능
소요 시간	약 2시간 이상 ＊주말 또는 러시아워 시간대에는 교통 정체가 매우 심하므로 예상 시간의 두 배 정도까지 넉넉히 예상해야 한다.		
요금	100,000~120,000₮ (흥정에 따라 다를 수 있음)	• 대부분 투어 비용에 픽업 서비스 포함 • 개별적으로 신청할 경우 150,000₮ 내외	1인 15,000₮
주의 사항	• 유비캡 등 택시 예약 애플리케이션 P.101으로 예약하면 요금 덤터기를 줄일 수 있음	• 사전에 숙소 및 여행사에 신청하지 않았을 경우, 이용 어려움	• 하루 6회 운행, 정확한 버스 스케줄은 공항 공식 사이트나 현지 안내데스크에서 다시 확인할 것 • 칭기즈칸 국제공항 홈페이지 ulaanbaatar-airport.mn

TIP

버스카드 구매 및 충전 방법

교통카드는 'U머니' 스티커가 붙은 편의점이나 버스정류장 인근 매점에서 판매한다. 교통카드를 구매하고 현장에서 바로 충전할 수 있다.

TIP

택시 요금 측정 방법

울란바토르 시내에서 택시 요금은 대략 1킬로미터당 3,000투그릭 내외로 계산한다. 시간에 따른 비용은 별도로 책정하지 않아 도로 정체가 심하더라도 요금에는 영향이 적다. 비허가 택시를 탄다면 거리측정 앱을 통해 가격을 측정하고, 운전자와 비용을 협의한 후 이용하길 추천한다.

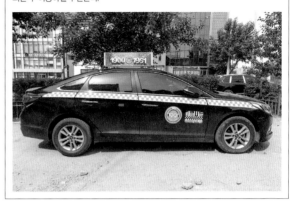

대중교통 이용할 때 알아두기

■ 극심한 출퇴근 시간 교통정체

울란바토르는 출퇴근 시간에 교통체증이 매우 심하다. 주요 도로는 3킬로미터 거리를 자가용으로 이동하면 통상 30분 이상 소요된다. 2킬로미터 내외의 가까운 거리라면 걸어가는 편이 훨씬 더 빠르다. 물론 광활한 초원으로 뒤덮인 다른 지역은 해당되지 않는다.

■ 버스 이용 시 주의 사항

버스는 울란바토르에서 가장 저렴한 대중교통이다. 요금은 1,000투그릭이며, 하루 4회까지 환승이 가능하다. 과거에는 한국에서 노후 버스를 수입하여 운행하는 경우가 많았는데, 현재는 상당수 신형 버스로 교체되고 있다. 하차 정류장 안내를 몽골어로만 방송하므로, 지도 앱을 통해 현재 위치를 확인해야 한다.

랜드마크 가득한 몽골 여행의 중심

울란바토르 중심부
Central Ulaanbaatar

#몽골의심장 #문화예술공연 #화려한밤의거리

울란바토르 중심부
상세 지도

06 칭기즈칸 국립 박물관

몽골 국립 박물관 02

갤러리아
울란바토르 01
MG 핫팟 01

블랙 버거
팩토리 03 02 모던 노마즈

루트 22 레스토랑 앤 와인 라운지 04
안주나 북 앤 아트 카페 01

몽골 국립 현대 미술관 03

01
수흐바타르 광장

레몬 27 드럭스토어 02

그랜드 칸 아이리시 펍 04
04
국립 아카데미 드라마 극장

05 브루셀스 비어 카페
03 샹그릴라 몰
10 나담

더 블루 스카이 라운지 02
05 블루핀 퀴진 디아트

조마 키친 앤 바 09

07 투멘 에흐 예술극장
08 서울 클럽 레스토랑

팻 캣 재즈 클럽
울란바토르 03 07 베란다

06 추추 트래블 클럽

국립 놀이공원 08

05 처이진 라마 사원 박물관

수흐바타르 광장 Sukhbaatar Square Сухбаатарын Талбай

몽골 수도 울란바토르의 중앙 광장. 이 광장의 이름은 몽골
혁명의 주역 담디니 수흐바타르의 이름에서 따왔다. 2013
년 칭기즈칸을 기리기 위해 칭기즈 광장으로 변경되었다가
2016년에 복원되었다. 광장의 북쪽에는 2006년 몽골제국
창립 800주년을 맞이해 복원한 국회의사당이 자리한다.
건물 한가운데에는 칭기즈칸의 동상이, 그 양쪽으로 개국
공신 장수 두 명의 기마상이 그를 보좌하고 있다. 또 가장
자리에는 칭기즈칸의 아들 우구데이칸과 손자 쿠빌라이칸
의 동상이 늠름하게 서 있다. 광장 중앙에 기마 자세로 우
뚝 선 수흐바타르 청동상은 1946년에 만들어졌으며 많은
시민들이 이 동상을 기준으로 약속 장소를 정하곤 한다. 몽
골 현지인들은 결혼식이나 졸업식 등의 특별한 날에 몽골
전통 의상을 입고 수흐바타르 광장을 배경 삼아 기념 촬영
을 한다.

🚶 칭기즈칸 공항에서 택시로 30분 🍴 무료 🕐 24시간
📍 47.918991, 106.917568

몽골 국립 박물관 National Museum of Mongolia Монголын Үндэсний Музей

몽골 전체에 있는 유물의 약 30퍼센트 이상을 보유한 몽골 최대 규모의 박물관이다. 보관 유물의 가짓수만 총 6만 점에 이른다. 유목민의 역사와 문화, 경제 및 관습을 보여주는 수백 가지의 흥미로운 유물을 감상할 수 있다. 전시물 대부분은 고대 유적을 탐사하는 과정에서 발굴되었다. 전시장은 구석기 시대, 초기 철기 시대를 비롯한 고대부터 투르크 위구르족과 키르기스스탄 지배 시절, 몽골제국에 이르기까지 연대순으로 구성되어 있다. 시대에 따라 전시관이 분리되어 있으므로 과거에서 현대까지 시간순으로 관람하는 것을 추천한다.

🚶 수흐바타르 광장에서 도보 5분 ✦ 성인 20,000₮, 학생 10,000₮, 사진 촬영 20,000₮ 🕐 화~일 09:00~18:00, 월 휴무
🏠 nationalmuseum.mn 🌐 47.920609, 106.915443

몽골 국립 현대 미술관 Mongolian National Modern Art Gallery Монголын Уран Зургийн Галерей

1991년에 설립한 국립 미술관. 역사적 가치가 있는 유물들과 1921년 몽골 독립 혁명 이후의 다양한 현대 예술품을 4,000점 넘게 보유하고 있다. 몽골의 자연 풍경, 전통 문화, 생활상이 담긴 고전 예술 작품을 비롯해 사회주의 시대부터 현대를 아우르는 예술 작품까지 모두 한자리에 모아놓았다. 한 해에 전시회를 네 차례 개최하고, 매년 일만 명이 넘는 여행자가 방문한다. 일부 유명 작품 바로 앞에는 의자가 배치되어 있어 작품에 깊이 빠져 찬찬히 감상하기 좋다.

🚶 수흐바타르 광장에서 도보 7분
✦ 성인 10,000₮, 대학생 5,000₮, 어린이 무료, 사진 촬영 10,000₮ 🕐 5~9월 09:00~18:00, 10~4월 10:00~18:00
🏠 art-gallery.mn 🌐 47.919649, 106.921168

국립 아카데미 드라마 극장 National Academic Drama Theatre Улсын Драмын Эрдмийн Театр

1960년대에 몽골에 처음 만들어진 현대 예술극장이다. 개장 이래 400여 가지 이상의 세계 고전 작품을 공연했고, 매년 새로운 작품을 선보인다. 9월부터 6월까지는 한 달에 최대 다섯 가지 작품을 감상할 수 있다. 7월과 8월 여름 성수기에는 여행자를 대상으로 몽골 전통 공연을 진행한다. 서울거리 입구에서 바로 보이는 붉은색 유럽식 건축물이 극장 본관이며 입장권은 우측의 매표소에서 구매 가능하다.

🚶 수흐바타르 광장에서 도보 5분 ₮ 60,000₮ 내외 ⏱ 09:00~18:00 🏠 drama.mn, 티켓예약 ticket.mn 📍 47.914658, 106.914286

처이진 라마 사원 박물관 Choijin Lama Temple Museum Чойжин Ламын Сүм Музей

몽골의 마지막 황제 복드칸이 동생 처이진 라마 (영예로운 티베트 승려 호칭)를 위해 1904년부터 1908년까지 지은 불교 사원이다. 하지만 1920년대 들어선 공산주의 정권의 종교 탄압 정책에 의해, 1938년 처이진 라마 사원은 폐쇄되고 많은 승려가 처형됐다. 이후 1942년에서야 박물관으로 개관하여 철거를 면하고 지금의 모습을 유지할 수 있게 되었다. 다섯 채의 전각으로 구성되어 있으며 박물관에는 총 8,600여 개의 불교 유물을 소장하고 있다. 조각품이나 벽화가 기괴하고 선정적이라 아이들과 관람하기는 어려울 수 있다. 7월에는 박물관 앞마당에서 콘서트를 개최한다.

🚶 수흐바타르 광장에서 도보 9분 ₮ 성인 15,000₮, 대학생 8,000₮, 16세 미만 무료, 사진 촬영 50,000₮, 동영상 촬영 200,000₮ ⏱ 하절기 09:00~18:00, 동절기 10:00~17:00, 일·월 휴무 📍 47.914924, 106.918389

칭기즈칸 국립 박물관 Chinggis Khaan National Museum Чингис хаан Үндэсний музейн

2022년에 설립된 몽골 최대 규모 박물관으로 총 9층, 면적 23,000㎡(약 7천 평)에 달한다. 임시 전시관을 포함해 총 8개의 전시실이 있으며, 칭기즈칸 이전의 고대 국가, 몽골 제국 시대, 칸의 후손 시대 등 몽골 전체의 역사를 다룬다. 박물관에 전시되어 있는 유물의 90% 이상이 진품으로 구성되어 있다. 몽골 역사 이야기를 담은 AR(증강현실) 및 VR(가상 현실) 체험도 가능하다.

🏃 수흐바타르 광장에서 도보 6분 🎫 성인 30,000₮, 대학생 15,000₮, 어린이 무료 🕐 하절기 매일 09:00~20:00, 동절기 수~월 09:00~17:00 🏠 chinggismuseum.com/en 📍 47.922344, 106.914990

© Chinggis Khaan National Museum

투멘 에흐 예술극장 Tumen-Ekh Folk Song and Dance Ensemble　Тумэн Эх Чуулга

유목 문화의 전통을 계승하고 있는 전통 예술극장이다. 1989년에 설립되어 몽골만의 역동적인 전통 예술을 소개하기 위해 세계 40개국을 돌아다니며 전통 음악과 공연을 선보였다. 마두금(머링 호르)을 비롯한 악기 연주와 몽골 노래, 서사곡, 종교 의식, 무당춤, 곡예, 탈춤 등의 공연을 한다. 공연 중 접할 수 있는 몽골 노래는 자연과 환경의 조화가 주된 주제이며, 광활한 초원의 자유와 유목민들의 삶을 표현한다. 입장권은 공연 시작 30분 전까지 판매한다.

🚶 바양골(Баянгол ЗБ) 정류장에서 도보 8분　🎫 성인 50,000₮, 사진 촬영 20,000₮, 동영상 촬영 200,000₮　🕐 6~8월 16:00, 18:00 2회 공연, 5·9월 매일 18:00 1회 공연, 10·11월 평일 18:00 1회 공연　🏠 tumen-ekh.mn
📍 47.910889, 106.915781

국립 놀이공원 National Amusement Park　Үндэсний соёл амралтын хүрээлэн

몽골 최대 명절인 나담 축제 기간에 불꽃이 활짝 피는 곳. 1965년 어린이와 청소년을 위한 문화 레크리에이션 센터로 시작하여 지금은 롤러코스터와 서킷 카트 체험을 포함해 스무 가지가 넘는 놀이 시설을 운영하는 공원으로 탈바꿈했다. 여름밤에 방문하면 호수를 따라 들어선 야외 음식점 불빛이 호수에 비쳐 아름다움을 뿜낸다. 호수 중앙의 더 캐슬 바에서는 주말 밤이면 특별한 공연도 진행한다. 숙소에서 거리가 가깝다면 저녁 산책을 하기에도 좋다. 여름철 뜨거운 햇볕에 지쳤다면 단돈 1,000투그릭에 맛볼 수 있는 몽골식 아이스크림을 놓치지 말자.

🚶 바양골(Баянгол ЗБ) 정류장에서 도보 12분　🎫 1일 자유이용권 성수기 30,000₮, 비수기 20,000₮　🕐 10:00~23:00(시즌별 변동 가능)　🏠 facebook.com/park.mongolia
📍 47.909174, 106.923093

MG 핫팟 MG Hot Pot

울란바토르 시내 중심에 있는 핫팟 전문점 중 가장 고급스러운 분위기를 자랑하는 레스토랑이다. 이곳 바로 옆에는 같은 브랜드의 몽골리안 바비큐 전문점(MG Mongolian Grill)도 함께 운영하고 있어 취향에 따라 선택하기 좋다. 통유리로 되어 있는 쇼핑몰의 가장 높은 층에 위치해 수흐바타르 광장이 바로 내려다보인다. 취향대로 선택한 육수를 개인용 냄비에 제공한다. 양고기와 소고기 중 선택할 수 있고, 우설 등 특수 부위도 판매한다. 예약하지 않으면 대기 시간이 매우 길어질 수 있지만, 대기하는 손님들을 위한 안마기 이용 서비스를 덤으로 제공한다.

✕ 2인 런치 세트 69,000₮, 4인 런치 세트 119,000₮, 디너 1인당 30,000₮~ ✗ 수흐바타르 광장에서 도보 1분 ⏱ 11:00~23:00
🎯 47.920643, 106.919052

모던 노마즈 Modern Nomads Модерн Номадс

유목민의 전통 요리와 문화 예술을 소개하기 위해 2005년 영업을 시작한 퓨전 레스토랑. 외국인의 입맛에 맞게 변형해 만든 퓨전 요리를 접할 수 있으니 여행 중 몽골 전통 요리를 제대로 맛보지 못했다면 방문해보자. 양고기 및 소고기의 부위별 몽골식 바비큐를 맛볼 수 있다. 전통 문양의 인테리어가 신비한 분위기를 자아낸다. 현재 울란바토르에 네 개 지점이 있다. 주문 후 대기시간은 다소 길다.

✕ 몽골 바비큐 컬렉션 65,900₮, 허르헉 2인 71,900₮ ✗ 수흐바타르 광장에서 도보 7분 ⏱ 11:00~23:00(지점마다 다름)
🏠 modernnomads.mn 🎯 47.920418, 106.921539

> **TIP**
> ## 몽골 철판 바비큐의 유래
> 몽골 철판 바비큐의 시초는 과거 왕들이 몽골의 넓은 지역을 며칠 동안 이동할 때, 군인들의 방패나 철모에 고기와 채소를 넣고 불을 피워 구워 먹던 것에서 유래했다고 한다. 그래서 몽골 바비큐 레스토랑에서 볼 수 있는 거대한 둥근 철판은 방패 모양에 가깝다.

블랙 버거 팩토리 Black Burger Factory

검정색 번에 검정색 장갑, 힙스터 스타일의 식당 인테리어까지 시크하다. 대표 메뉴 블랙 버거부터 한국인 입맛에 딱 맞는 아시안 비비큐 버거, 채식주의자를 위한 베지 버거와 랩까지 메뉴가 다채롭다. 모든 버거는 100퍼센트 유기농 재료와 제철 농산물을 사용해 만들며, 취향에 따라 재료를 빼거나 추가할 수 있다. 오픈 주방에서 요리하는 모습을 구경하는 재미도 쏠쏠하다.

✕ 버거류 10,900~21,900₮ 🏃 수흐바타르 광장에서 도보 7분
🕐 10:00~24:00 🏠 blackburger.mn
📍 47.920386, 106.921324

루트 22 레스토랑 앤 와인 라운지 Route 22 Restaurant & Wine Lounge

알록달록한 유럽식 건물의 중앙에 자리한 레스토랑 겸 와인 라운지. 에피타이저부터 샐러드, 메인 요리, 디저트까지 다양한 유럽 요리들을 제공하며, 음식에 어울리는 와인을 직원이 직접 추천해주기도 한다. 낮 12시부터 4시까지는 런치 메뉴를 맛볼 수 있다. 사람이 붐비는 점심 및 저녁 시간대에 방문하려면 페이스북 페이지를 통해 예약을 미리 하는 것이 좋다.

✕ 메인 메뉴 20,000~30,000₮대 🏃 수흐바타르 광장에서 도보 7분 🕐 일~금 11:00~23:00, 토 10:00~10:30
📍 47.9197770, 106.914132

블루핀 퀴진 디아트 Bluefin Cuisine D'Art

미국 콜로라도에서 수년간 실력을 다진 요리사가 직접 운영하는 레스토랑. 2013년 처음 몽골에서 미국식 스테이크 전문점을 시작했고, 지금은 울란바토르에 지점을 네 개까지 늘렸다. 특히 디아트 지점은 현대적 스타일의 미술관 콘셉트로, 미국식 스테이크, 이탈리아 파스타와 리조또, 일본식 초밥과 해산물 요리까지 다양한 메뉴를 제공한다.

✕ 메인 메뉴 20,000~30,000₮대
🏃 수흐바타르 광장에서 도보 4분 🕐 11:00~24:00
🏠 bluefin.mn 📍 47.916292, 106.916491

06　여행자를 위한 앞마당

추추 트래블 클럽 <small>Chuu Chuu Travel Club</small>

2019년 7월, 자원봉사를 하다 만난 젊은이 여섯 명이 함께 만든 여행자 클럽. '추추'라는 이름은 몽골어로 앞으로 나아간다는 뜻으로, 어린이나 외국인이 승마 방법을 익힐 때 제일 먼저 배우는 단어 '추(말이 달릴 수 있도록 지휘하는 소리)'에서 따온 것이다. 이곳에서는 여행을 계획하고 다른 여행자들과 정보를 공유하며 친목을 다지거나, 음식, 베이커리, 커피를 즐기며 음악을 듣거나 영화 및 사진 감상, 보드게임을 즐기기에도 좋다. 컬러 프린터를 무료로 사용하거나, 예쁜 엽서를 구매할 수 있다. 엽서 판매 수익금은 몽골의 젊은 작가들을 지원하는 데 쓰인다. 판매하는 엽서는 계절에 따라 바뀐다.

✕ 음료 8,000₮~　🏃 중앙 도서관(Төв номын сангийн) 정류장에서 도보 5분
🕐 06:00~24:00　📷 @chuuchuutravelclub　📍 47.914787, 106.916682

07　유럽인들이 사랑하는 이탈리아 요리 맛집

베란다 <small>Veranda</small>

2006년부터 영업을 시작한 울란바토르 최고의 이탈리안 레스토랑. 아늑하고 따뜻한 분위기를 느끼며 정통 이탈리아 및 지중해 요리를 맛볼 수 있다. 보유한 와인의 종류만 80가지가 넘는다. 따뜻한 계절에는 은은한 조명이 하늘을 수놓는 야외 테라스가 인기다. 테라스 밖으로 울란바토르 대표 문화재인 처이진 라마 사원이 바로 내다보인다.

✕ 메인 메뉴 20,000~30,000₮대　🏃 수흐바타르 광장에서 도보 7분　🕐 12:00~24:00　🏠 facebook.com/VerandaOfficial　📍 47.915158, 106.917392

08　각국의 다양한 메뉴가 필요할 때

서울 클럽 레스토랑 <small>Seoul Club Restaurant</small>

26년의 역사를 간직한 한국인 운영 레스토랑. 1996년 창업 이후 국내외 대통령, 국무총리 등 저명한 인사들이 찾은 곳이다. 한식 메뉴부터 중식, 일식, 양식까지 각 나라의 요리 메뉴를 두루 갖추고 있다. 특히 인원수가 많을 때 각자 입맛 따라 음식 선택의 폭이 넓다. 1층에는 베이커리도 같이 운영하고 있어 디저트까지 완벽하게 즐길 수 있다.

✕ 소고기 불고기(2인) 38,000₮, 김치찌개 22,000₮, 통삼겹 김치찜 26,000₮　🏃 샹그릴라 몰에서 도보 8분
🕐 12:00~24:00　🏠 seoulrestaurant.mn
📍 47.910436, 106.917057

조마 키친 앤 바 ZOMA Kitchen & Bar

몽골의 첫 친환경 레스토랑. 바위틈 사이를 비집고 나온 울창한 식물들과 안개가 피어오르는 수족관 안의 금붕어를 보면, 마치 깊은 산속에 들어온 것 같다. 분위기뿐 아니라 실내 가구의 절반 이상이 재사용 가능한 재료로 만들어졌으며, 모든 메뉴는 화학조미료를 사용하지 않고 친환경 허브와 향신료로 맛을 낸다. 사막이 많은 몽골에서 보기 어려운 공기 정화 식물들이 가득해 쾌적한 환경에서 식사하고 휴식을 취하고 싶다면 안성맞춤. 아침 시간대에는 커피숍, 점심에는 분위기 좋은 비스트로, 저녁에는 식사에 술 한잔 곁들일 수 있는 레스토랑 겸 칵테일 바로 변신한다.

✗ 메인 메뉴 20,000~40,000₮대 ✗ 수흐바타르 광장에서 도보 6분 ◷ 11:00~22:00 ◷ 47.915936, 106.918928

나담 Naadam Наадам

샹그릴라 호텔에서 운영하는 레스토랑 겸 클래식 바. 이 가게의 이름은 몽골어로 '축제'라는 뜻이다. 이름과 같이 단체 손님들을 위한 당구대를 비롯한 오락 공간을 제공하며, 신나는 음악과 공연도 준비되어 있다. 여름이면 야외 테라스가 활짝 열린다. 서양식과 몽골식 메뉴가 주를 이루며, 가장 인기 있는 메뉴는 몽골 전통 음식 호쇼르와 수제 버거다. 고급스러운 분위기에서 각국의 유명 와인을 곁들여 함께 즐겨보자.

✗ 호쇼르(Хуушуур) 31,000₮, 치즈버거(Бяслагтай бургер) 43,000₮ ✗ 수흐바타르 광장에서 도보 9분 ◷ 12:00~02:00 ⌂ shangri-la.com ◷ 47.912572, 106.920370

01   책과 식물이 가득한 곳

안주나 북 앤 아트 카페 Anjuna Book & Art Cafe

알록달록한 길목에 항상 사람들로 가득한 아트 북 카페. 각종 음식점 사이에 위치한 트렌디한 분위기에 가격도 저렴하고 커피 맛도 괜찮아서 몽골 젊은이들에게 인기가 많다. 대부분의 책은 몽골어로 되어 있기에 시간 여유가 된다면 읽을 책을 하나 준비해 가 느긋한 시간을 보내기에 좋다. 간단한 식사나 디저트도 함께 곁들여 즐길 수 있다.

✘ 커피류 7,000₮~   🚶 수흐바타르 광장에서 도보 3분
🕐 10:00~23:00   ✷ 47.919790, 106.914435

02   랜드마크 호텔 위에서 즐기는 밤

더 블루 스카이 라운지 The Blue Sky Lounge

울란바토르 중심의 푸른 반달, 더 블루 스카이 호텔의 최고층에 자리한 라운지. 23층에서 빛나는 와인잔에 울란바토르의 로맨틱한 전망을 담아보자. 금요일마다 라이브 밴드 공연과 재즈 공연을 감상할 수 있다. 창가 자리는 항상 만석이며, 특히 랜드마크 수흐바타르 광장이 보이는 명당은 예약이 필수다.

✘ 메인 메뉴 30,000₮~   🚶 수흐바타르 광장에서 도보 5분
🕐 17:00~02:00   🏠 hotelbluesky.mn   ✷ 47.916525, 106.918745

©더 블루 스카이 라운지

03   비밀스러운 지하 재즈 라이브 펍

팻 캣 재즈 클럽 울란바토르 Fat Cat Jazz Club Ulaanbaartor

붉은색 벽돌과 커튼에 레드 와인까지, 고풍스러운 분위기를 풍기는 라이브 재즈 펍. 몽골의 재즈 트럼펫 연주자들이 재즈를 사랑하는 이들로부터 크라우드 펀딩을 받아 만든 아담한 공연장이다. 2018년 영업 시작 이래 많은 사람들에게 사랑받아 지금은 예약하지 않으면 방문하기 어렵다. 고품격 재즈 공연은 매일 밤 8시에 시작한다. 금요일과 토요일에는 입장료가 별도로 붙는다.

✘ 입장료(금·토) 25,000₮~, 칵테일 21,900₮~   🚶 수흐바타르 광장에서 도보 7분
🕐 매일 18:00~01:00   🏠 fatcatjazzclub.com   ✷ 47.915127, 106.917276

그랜드 칸 아이리시 펍 Grand Khaan Irish Pub

몽골에서 가장 많은 인원을 수용하는 술집 중 하나로, 2005년부터 영업을 시작한 서울거리 입구의 터줏대감이다. 세계 각국 음식으로 메뉴가 구성되어 있어 호불호가 갈리지 않는다. 여름철에는 실내 공간만큼 넓은 테라스에 사람이 가득하다. 목요일부터 토요일까지는 오후 8시에 라이브 공연을 진행한다.

🍴 맥주 9,000₮~, 런치 메뉴 23,900₮, 메인 메뉴 35,900₮~ ⏰ 월~토 08:00~24:00, 일 09:00~24:00 📍 47.915201, 106.913700

브루셀스 비어 카페 Brussels Beer Cafe

샹그릴라 몰 1층에 위치한 유니크 펍. 언뜻 보면 유럽의 거리처럼 보인다. 중세 맥주 양조 기술을 이용한 16가지 벨기에 맥주를 판매한다. 또 식당이나 마트에서는 구하기 어려운 미국과 유럽의 수제 맥주 60가지도 취급한다. 야외 테라스와 실내 객실은 동시에 최대 100명까지 수용한다.

🍴 유니크 맥주(250ml) 14,900₮~ 🚶 수흐바타르 광장에서 도보 9분 ⏰ 월~금 09:00~02:00, 토·일 10:00~24:00 📍 47.913397, 106.921335

갤러리아 울란바토르 **Gelleria Ulaanbaator** Галлериа Улаанбаатар

지붕 전체가 유리창으로 시원하게 뚫려 있는 고급 쇼핑몰. 몽골에서 가장 유명한 캐시미어 브랜드 '고비'와 '고요' 브랜드숍이 1층부터 2층에 걸쳐 자리한다. 성수기 주말에는 이곳에서 몽골 유명 모델들이 참가하는 캐시미어 패션쇼가 열린다. 피자헛과 KFC 등 패스트푸드점과 몽골 핫팟 전문점도 입점해 있다. 특히 수흐바타르 광장 근처에서 가장 가까운 ATM 코너가 이곳에 있어 현금을 인출하러 오는 여행자들이 많다. 나담 축제 기간에는 1층 홀에서 흐미 전통 공연도 진행한다.

🚶 수흐바타르 광장에서 도보 3분 🕐 10:00~22:00 🏠 facebook.com/GalleriaUlaanbaatar
📍 47.920449, 106.919049

레몬 27 드럭스토어 **LEMON 27 Drugstore** ЛИМОН 27 Драгстор

몽골에 처음으로 입성한 드럭스토어. 수흐바타르 광장 건너편 UBH 센터 1층에 넓은 규모로 자리한다. 한국 드럭스토어는 의사의 처방이 필요 없는 의약품을 중심으로 건강, 미용 관련 상품을 취급하는데, 레몬 27은 실내에 약사가 상주하는 약국이 있어 상비약까지 판매한다. 이외에 유기농 식품, 메이크업 및 미용 제품, 기념품은 물론이고 한국 컵라면, 숙취해소 음료 등 친근한 한국 제품까지 함께 만나볼 수 있다.

🚶 수흐바타르 광장에서 도보 8분
🕐 10:00~22:00
📍 47.917522, 106.923716

03   수도의 중심에 우뚝 선 초고층 빌딩

샹그릴라 몰 Shangri-La Mall Шангри-Ла Төв

세계의 유명 브랜드가 입점한 4층 높이의 울란바토르 최대 쇼핑
몰이다. 몽골에서 가장 많은 음반과 테이프를 보유한 HI-FI 레코
드가 있으며, 대표적인 몽골 전통 레스토랑 몽골리안스와 울란
바토르 시내가 훤히 내다보이는 분위기 좋은 바가 입점해 있다.
여름철에 로비 밖 야외 광장에는 푸드 트럭과 테라스 바가 들어
서 밤에도 현지인들로 가득하다. 아이맥스 영화관에서 한국의
절반도 안 되는 가격으로 최신영화를 관람하면서 천 원에 팝콘
과 콜라를 즐겨보자(영화관 성인 14,000₮~, IMAX 18,000₮~,
팝콘 4,000₮~, 콜라 2,500₮~).

🚶 수흐바타르 광장에서 도보 9분 🕐 10:00~21:00
🏠 shangrilacentreub.mn 📍 47.913609, 106.921751

몽골 불교의 성지
울란바토르 서남부
Southwest Ulaanbaatar

#간단사원 #몽골불교 #전망대 #캐시미어쇼핑

울란바토르 서남부
상세 지도

 09 하르허링 시장

울란바토르 기차역 01

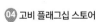 04 고비 플래그십 스토어

08 훈누 몰

05 몬베이커리

03 공룡 중앙 박물관

02 간단 사원

04 자나바자르 불교미술 박물관

04 주르 우르 하우스

03 매리 앤 마르타

01 국영백화점

피스 몰 02

01 엣지 라운지

05 비틀즈 광장

03 체리 베이커리

01 더 불

초코 메트로폴리스 클럽 02

02 그레이트 몽골

08 이태준 선생 기념공원

03 하드록 카페

자이승 힐 콤플렉스 07

N
W   E
S
0   100m

09 자이승 전승 기념탑

국립 스포츠 경기장 06

07 복드칸 궁전 박물관

06 고욜 캐시미어 팩토리 스토어

05 엡섹 캐시미어 팩토리

N
W   E
S
0   200m

147

울란바토르 기차역 Ulaanbaatar Railway Station Улаанбаатар Өртөө

몽골에서 가장 큰 철도역으로 1949년 문을 열었다. 약 2,215킬로미터에 이르는 몽골 종단 철도는 에르데넷 등 몽골의 주요 도시를 지난다. 중국 베이징과 러시아 울란우데, 이르쿠츠크로 가는 기차도 이곳에서 탑승할 수 있다. 기차역 본관에는 ATM 및 환전소, 통신사, 여행자 정보 센터, CU 편의점이 자리한다. 별채 건물 1층에는 국내선, 2층에는 국제선 발권 사무소가 있다. 국제선 열차 탑승 후에는 환전할 수 없으므로 반드시 출발 전 미리 환전하자. ▶▶ 울란바토르 기차역 안내 P.108

🚶 투므르 자밍(Төмөр замын) 정류장에서 도보 2분
🕐 24시간 ● 47.908536, 106.883876

간단 사원 Gandan Monastery Гандантэгчинлэн Хийд

몽골에서 가장 큰 규모를 자랑하는 사원이다. 사원의 이름은 '완전한 즐거움을 주는 위대한 장소'라는 뜻으로 몽골 불교의 중심이다. 19세기에는 5,000여 명의 승려가 있을 만큼 번창했으나, 1937년 몽골 공산주의 정권의 종교 탄압 정책에 따라 파괴되었다. 승려들은 처형당하거나 감옥에 갇혔고, 군대에 징집됐다. 그러다 1944년, 대외적으로 몽골 전통 문화와 종교를 박해하지 않는다는 것을 보여주기 위해 정부의 감시 아래 다시 문을 열었다. 이후 1990년대 들어서 민주주의 체제 아래 불교가 다시 번성하면서 복원됐다. 현재 간단 사원에는 열 개의 전각과 900명의 승려가 남아 있다. 본당에 들어가면 세계에서 가장 높은 실내 동상으로 꼽히는 26.5미터 높이의 관세음보살 불상을 볼 수 있다.

🚶 간단(Гандан) 정류장에서 도보 4분 🎫 입장료 7,000₮ 🕐 09:00~17:00, 예불 09:00
🏠 gandan.mn ● 47.921727, 106.894272

공룡 중앙 박물관 Central Museum of Mongolia Dinosaurs Монголын Үлэг Гүрвэлийн Төв Музей

세계에서 공룡 화석이 가장 많이 발굴된 나라 중 하나인 몽골. 남부 지역의 바양작 등에서 발견된 공룡 뼈와 화석, 수백만 년 전 멸종된 동물들의 흔적을 찾아보자. 전시장에서는 제2차세계대전 이후 몽골 고비 사막에서 처음 발견된 공룡 '타르보사우루스'의 두개골과 척추, 1920년대 미국 원정대가 발견한 최초의 뿔 달린 초식 공룡 '프로토케라톱스'의 화석을 만나볼 수 있다.

🚶 텡기스(Тэнгис) 정류장에서 도보 3분 ₮ 성인 20,000₮, 대학생 5,000₮, 어린이 무료 🕐 화~일 09:00~18:00, 월 휴무
📍 47.923316, 106.905760

자나바자르 불교미술 박물관 Zanabazar Museum of Fine Arts Занабазарын Нэрэмжит Дүрслэх Урлагийн Музей

17세기 몽골 불교의 생불 자나바자르의 이름을 딴 박물관으로 자세히 살펴보려면 족히 두 시간은 필요할 만큼 깊이가 있다. 1966년 자나바자르 미술관으로 설립되었고 현대 미술 분야 전시물이 몽골 국립 미술관으로 이전하자, 지금의 자나바자르 불교미술 박물관으로 자리매김했다. 박물관은 아홉 개의 전시장으로 구분되어 있다. 조각, 회화, 자수, 탱화 등 만 3,000여 개 작품을 시기별로 나누어 전시하고 있으니, 돌아보며 몽골의 미술 세계로 시간여행을 해보자.

🚶 수흐바타르 광장에서 도보 11분 ₮ 성인 15,000₮, 대학생 5,000₮, 어린이 1,500₮ 🕐 하절기 10:00~18:00, 동절기 09:30~16:30
🏠 zanabazarmuseum.mn 📍 47.920130, 106.909353

비틀즈 광장 Beatles Square Битлзийн Талбай

공산주의 시대 금지된 서양 음악을 몽골 청년들이 들으며 자유와 민주주의를 노래했던 장소다. 비틀즈의 음악은 몽골인들이 민주주의를 위해 싸우도록 힘을 북돋아 주었다는 점에서 큰 의미를 지닌다. 1960년대부터 1970년대까지 몽골 젊은이들은 동유럽에서 밀수한 레코드를 들으며 아파트 계단에 모여서 비틀즈의 노래를 불렀다고 한다. 광장 중앙에는 비틀즈 멤버들의 청동상, 다른 쪽에는 계단에 앉아 기타를 치는 젊은이의 조각상이 자리한다. 현재는 현지인들에게 인기가 많은 만남의 장소다.

🚶 국영백화점 앞(Улсын Их Дэлгүүрийн Урд) 정류장에서 도보 3분 🕐 24시간 📍 47.915427, 106.906501

국립 스포츠 경기장 National Sports Stadium Үндэсний Төв Цэнгэлдэх Хүрээлэн

최대 2만 명을 수용할 수 있는 국립 경기장. 1958년에 러시아 건축 양식으로 지어졌다. 개장 초기에는 축구 경기나 페스티벌 등 다양한 목적으로 사용했고, 지금은 정부가 주최하는 국가 행사에 주로 이용된다. 매년 7월 11일에 열리는 나담 축제 개막식과 몽골 씨름 부흐 경기를 이곳에서 진행하며, 2016 세계 대학 양궁 선수권 대회도 이곳에서 열렸다.

🚶 조온허링 인(120-ийн) 정류장에서 도보 5분 🕐 경기가 있는 날에만 개방
📍 47.902231, 106.916210

복드칸 궁전 박물관 Bogd Khaan Palace Museum Богд Хааны Ордон Музей

몽골의 마지막 황제 복드칸이 거주하던 곳으로, '겨울 궁전'이라고도 불린다. 1893년부터 1903년 사이에 지어진 이곳에서 복드칸은 20년을 거주했다. 톨강 인근에 여름 궁전도 있었으나 공산주의 정권의 종교 탄압 정책에 의해 파괴되어 지금은 겨울 궁전만 남아 있다. 박물관은 세 개의 문과 일곱 채의 불교 전각, 황제와 황후가 함께 살던 하얀 서양식 건물로 이루어져 있다. 특히 궁전 중앙에 있는 평화의 문은 못을 사용하지 않고 지은 것으로 유명하다. 당시 황제와 황후가 살았던 방에서 의복과 수집품 등 실제 사용했던 물건을 볼 수 있다. 특히 복드칸이 러시아 황제에게서 선물받은 황금 부츠가 대표적 볼거리다. 일곱 개의 불교 전각에서는 18세기부터 19세기까지 불교 작품을 만날 수 있다.

🚶 조온허링 인(120-ийн) 정류장에서 도보 7분 💰 성인 15,000₮, 대학생 5,000₮, 어린이 무료, 사진 촬영 30,000₮, 영상 촬영 35,000₮
🕐 하절기 09:00~19:00, 동절기 10:00~18:00, 화·수 휴무
🏠 bogdkhaanpalace.mn 📍 47.897349, 106.907057

이태준 선생 기념공원 Dr. Lee Tae Joon Memorial Park И Тэ Жүн эмчийн дурсгалд зориулсан цэцэрлэгт хүрээлэн

대암 이태준 선생은 1914년 몽골에 입국해 '동의의국'이라는 병원을 개업하고 몽골 황제의 어의로서 의술 활동을 했다. 그 명성은 당시 울란바토르에서 모르는 이가 없을 정도였다. 몽골 사회에서 두터운 신뢰를 쌓은 선생은 세계 각지의 애국지사들과 연계해 항일활동을 전개하였으나, 1921년 2월 38세의 나이에 당시 일본과 우호 관계를 유지하던 러시아 백군에게 피살되었다. 2001년에 이르러 이태준 선생의 업적을 기념하여, 국가보훈처와 연세의료원의 지원으로 울란바토르에 자리한 복드칸 산 남쪽 기슭, 자이승 전승 기념탑 아래에 '이태준 기념공원'을 준공했다. 2010년에는 공원 내 이태준 선생의 업적을 다룬 기념관을 개축했다.

🚶하이스(ХААИС) 정류장에서 도보 5분 💰무료 🕐1~2월 폐관, 3~5월·10~12월 09:00~18:00, 6~9월 08:00~22:00, 일 휴무
📍47.887677, 106.913521

자이승 전승 기념탑 Zaisan Memorial Зайсан толгой

몽골인들이 신성시하는 복드칸산과 울란바토르 시내 사이에 있는 자이승 언덕에 세워진 전승 기념탑. 현재는 울란바토르의 전경을 한눈에 담을 수 있는 전망대지만, 1910년대에는 몽골 혁명을 이끈 혁명가들의 비밀스런 만남의 장소였다. 1971년 소련은 제2차세계대전에서 목숨을 바쳐 싸운 러시아와 몽골 군인들을 기리기 위해 자이승 언덕 위에 기념비를 세웠다. 붉은 군대의 깃발을 들고 늠름하게 탑을 지키는 27미터 높이의 러시아 군인 동상 어깨 너머 모자이크 형식의 벽화가 파노라마처럼 펼쳐진다. 600개가 넘는 가파른 계단을 올라야 하는데 자이승 힐 쇼핑몰 6층의 통로를 이용하면 빠르게 오를 수 있다.

🚶하이스(ХААИС) 정류장에서 도보 5분 💰무료 🕐24시간 📍47.884173, 106.915428

더 불 The Bull

울란바토르에서 가장 유명한 레스토랑으로 여러 곳에 지점이 있다. 한국인뿐 아니라 각국의 여행자들이 모두 인정하는 맛집이다. 양고기·말고기·소고기 중 선택할 수 있고, 제공되는 채소도 신선해 몽골식 핫팟을 제대로 경험하기 좋다. 1인당 개별 육수를 제공한다. 두 종류의 소스, 베트남 고추 초절임, 파, 마늘, 다진 고수 등도 함께 나와 취향에 따라 곁들여 먹기에 좋다. 하얀색 육수는 간이 약하므로 후추나 소금으로 간을 조절해야 한다. 세트 메뉴에는 육류 및 생선으로 빚은 완자, 삼색 칼국수와 볶음밥이 함께 나온다. 버섯과 고구마를 포함한 채소 모둠 세트의 가성비가 특히 좋다.

✕ 2인 세트 58,800₮, 고기 추가 12,800~16,800₮
🏃 바롱 더럽 잠(Баруун 4 зам) 정류장에서 도보
5분(서울거리 서편 4길 지점) 🕐 11:00~24:00
📍 47.913642, 106.893362

그레이트 몽골 Great Mongol Их Монгол

매장 규모가 크고, 생맥주가 신선하고 저렴해 현지인에게 인기가 많은 곳. 양조장이 있는 펍 전용 건물과 식사를 즐길 수 있는 레스토랑, 야외 테라스 세 공간으로 나뉜다. 몽골 음식뿐 아니라 다양한 국가의 요리를 맛볼 수 있다. 주말에는 라이브 공연이 열린다.

✕ 모둠 그릴(2~3인) 89,900₮, 호쇼르 49,900₮ 🏃 국영백화점 앞(Улсын Их Дэлгүүрийн Урд) 정류장에서 도보 7분 🕐 일~화 12:00~24:00, 수~토 12:00~ 03:00 📍 47.913062, 106.908443

체리 베이커리 Cherry Bakery

매달 새로운 제품을 개발할 만큼 끊임없이 고민하는 모범 빵집. 한국산 재료를 수입해 만들며 부드러운 식감을 자랑한다. 몽골에서는 귀한 과일이 듬뿍 들어간 빙수도 저렴한 가격에 맛볼 수 있으니 여름철 뜨거운 햇볕을 피해 시원하게 즐겨보자.

🍴 베이커리류 4,000₮대~, 음료 6,000₮대~ 🏃 국영백화점 앞 (Улсын Их Дэлгүүрийн Урд) 정류장에서 도보 3분
🕐 08:00~23:30 🧭 47.914934, 106.907164

주르 우르 하우스 Jur Ur House

1998년 영업을 시작한 베이커리 카페로, 몽골 전 지역에 아홉 개의 지점이 있다. 케이크 전문 가게로 뿌리를 내린 만큼 예쁘고 다양한 케이크를 판매한다. 매장에 앉아서 음식을 맛볼 수 있으며 가격도 저렴하고 자리도 넉넉하니 지나가는 길에 들러 맛보자.

🍴 베이커리류 3,000₮대~, 커피 5,500₮대~ 🏃 북쪽 영화관(Ард Кино Театр) 정류장에서 도보 4분 🕐 09:00~21:00 🏠 jurur.mn
🧭 47.919023, 106.910585

몬베이커리 Monbakery

20년 넘게 이어진 울란바토르 베이커리. 작은 동네 빵집으로 시작해 현재는 울란바토르 내 십수 개 전문 매장뿐 아니라 편의점에서도 이곳 상품을 쉽게 찾아볼 수 있는 국민 베이커리로 발돋움했다. 엄마의 마음을 담아 만든다는 몬베이커리 고유의 레시피를 이용해 백여 가지가 넘는 수제 빵을 굽는다. 갓 구운 빵은 모던하고 깔끔한 공간에서 바로 맛볼 수 있다.

🍴 베이커리류 4,000~10,000₮, 커피류 4,900~7,900₮ 🏃 아호잉 우일칠게(Ахуйн Үйлчилгээ) 정류장에서 도보 1분 🕐 09:00~22:00 🏠 monbakery.mn 🧭 47.923433, 106.887703

엣지 라운지 Edge Lounge

울란바토르 서부의 최고층 건물인 라마다 호텔 17층에 위치한 루프톱 바. 세련된 분위기로 유럽 여행자들에게 인기가 많다. 조용한 분위기를 원한다면 실내석을 추천하며, 여름철이라면 천장 없는 야외 테라스에서 울란바토르의 멋진 파노라마 전망을 즐겨보자. 위스키, 와인 등 다양한 주류를 취급하며, 바텐더 마음대로 제작하는 엣지 칵테일도 맛볼 수 있다.

✗ 칵테일 20,000₮~, 안주 20,000~30,000₮~ ☆ 바롱 더럽 잠 (Баруун 4 зам) 정류장에서 도보 3분 ⏱ 월~토 11:00~24:00, 일 11:00~23:30 🏠 ramadaub.mn ⊚ 47.915800, 106.892349

초코 메트로폴리스 클럽 CHOCO Metropolis Club

뮤직비디오 배경으로 자주 등장하는 클럽으로 몽골에서 처음 전자음악을 시도한 유명 디제이들이 디제잉을 한다. 클럽과 라운지 바 공간으로 나뉘어 있으며 프라이빗한 VIP룸도 보유하고 있다. 일주일 중 금요일과 토요일이 가장 붐비며, 일요일은 음악을 감상하며 칵테일과 간단한 안주를 즐기기 좋다. 매주 수요일은 스위트 초코 데이로 여성은 무료로 입장할 수 있다. 흡연 구역이 따로 있어 쾌적한 편이다.

✗ 남성 30,000₮, 여성 20,000₮(수요일 무료 입장) ☆ 평화와 우정 궁전(Энх Тайван Найрамдлын Ордны Буудал) 정류장에서 도보 6분 ⏱ 20:00~04:00 🏠 facebook.com/chocometropolisclub ⊚ 47.912948, 106.903546

하드록 카페 Hard Rock Cafe

세계 여러 도시에서 120개가 넘는 지점을 운영하는 체인 라이브 카페. 실내에는 유명 음악가들이 직접 사용하던 악기들로 가득하며 카페 입구에서는 기념품과 의류를 판매한다. 목요일부터 토요일 밤 9시 30분에는 밴드의 라이브 연주를 즐길 수 있다. 공식 페이스북에서 공연 일정을 미리 확인하자. 1층에 280명 정도를 수용하는 바 겸 레스토랑이 있으며 야외 테라스도 운영한다. 2층에는 두 개의 VIP룸이 있다.

✗ 메인 메뉴 30,000₮대~ ☆ 평화의 다리(Энхтайвны Гүүр) 정류장에서 도보 5분 ⏱ 12:00~02:00, 기념품 숍(Rock Shop) 10:00~24:00 🏠 facebook.com/HardRockCafeUlaanbaatar ⊚ 47.909697, 106.913091

01 여행에 필요한 모든 것이 있는

국영백화점 State Department Store Улсын Их Дэлгүүр

1924년에 설립되어 한 세기 가까운 역사를 지닌 몽골 대표 백화점. 환전부터 유심 카드 구매, 장보기까지 한 번에 해결할 수 있어서 장거리 투어를 떠나기 전 필수로 방문한다. 1층에는 환전소와 슈퍼마켓이 있어 장을 보러 나온 현지인과 외국 여행자로 가득하다. 2층에는 고비, 고욜 등 몽골의 주요 캐시미어 브랜드가 모여 있어 물건 가격과 디자인을 한 번에 비교하기 좋다. 5층에는 국영백화점의 역사 전시관이 마련되어있으며, 6층 꼭대기에는 몽골에서 가장 큰 기념품 매장이 있다.

🚶 국영백화점 앞(Улсын Их Дэлгүүрийн Урд) 정류장에서 도보 2분
🕐 09:00~22:00 📍 47.916938, 106.906280

---

02 몽골의 동대문 패션 시장

피스 몰 PEACE Mall

현지 젊은이들 사이에서 유행하는 패션을 한눈에 둘러볼 수 있는 쇼핑센터. 총 6층까지 의류와 잡화를 취급하는 점포로 가득하며, 서점도 입점해 있다. 세계 유명 브랜드 상품도 취급하지만 모조품이 많으니 물건을 구매할 때 꼭 주의하자.

🚶 평화와 우정 회관(Энх Тайван Найрамдлын Ордны Буудал) 정류장에서 도보 1분 🕐 11:00~21:00
📍 47.916087, 106.902399

---

03 고품질 수제 기념품이 다 모였다

매리 앤 마르타 Mary & Martha

한자리에서 오랜 기간 운영해온 수제 기념품 전문 숍. 시골에 사는 몽골 여성들이 직접 만든 전통 수공예품, 펠트 제품, 의류, 장신구 및 그림 작품 등 400여 종의 수제품을 판매한다. 품질 좋은 캐시미어 제품, 야크 및 낙타 울 제품들을 취급한다. 최근 샹그릴라 몰 지하 1층에 새 지점을 열었다.

🚶 국영백화점 앞(Улсын Их Дэлгүүрийн Урд) 정류장에서 도보 2분 🕐 10:00~19:00 📍 47.917292, 106.910135

울란바토르

고비 플래그십 스토어 GOBI flagship store

약 40여 년의 역사를 지닌 몽골 대표 캐시미어 브랜드. 특히 오가닉 캐시미어 라인은 염색제 및 화학 표백제를 쓰지 않은 친환경 캐시미어로 유명하며, 가볍고 부드러운 느낌에 클래식하고 베이직한 디자인이 특징이다. 세계 5대 캐시미어 브랜드 중 하나로 한국을 포함한 30개국에 매장이 있다.

🚶 수흐바타르 광장에서 택시로 20분 ⏱ 10:00~20:00
🏠 gobi.mn/mn 📍 47.901769, 106.867395

---

05 세련되고 현대적인 디자인

엡섹 캐시미어 팩토리 EVSEG Cashmere Factory Store

2000년도에 설립된 대형 캐시미어 제조업체. 고품질의 양모, 낙타 털, 캐시미어 제품을 판매하며 일부 제품을 공장 직거래 가격으로 만날 수 있다. 특히 기본 아이템에 충실해 다양한 연령층의 취향을 만족시킨다. 시즌별 할인 행사와 프로모션이 많고, 장갑이나 머플러 등의 일부 제품은 5+1 행사도 상시 진행한다.

🚶 수흐바타르 광장에서 택시로 20분 ⏱ 매일 10:00~20:00
🏠 evsegcashmere.com 📍 47.895880, 106.905748

> **TIP**
> ### 아웃렛 방문 시 참고사항
> 몽골의 캐시미어 팩토리 및 캐시미어 아웃렛은 울란바토르 중심부에서 다소 떨어져 있고 대중교통으로 방문하기 어려우므로 택시로 이동해야 한다.

---

06 심플하고 젊은 감각의 디자인

고욜 캐시미어 팩토리 스토어 GOYOL Cachmere Factory Store

양모 및 캐시미어 니트웨어 전문 브랜드로 심플하고 밝은 디자인이 특징이다. 계절과 용도에 따라 남녀의류, 가정용품, 유아의류 등 종류가 26가지에 이른다. 고비나 고요의 제품들과 비교하면 부드러운 느낌은 부족하지만, 옷감이 탄탄한 재질로 만들어져 보풀이 덜 일어나며 관리하기 편하다.

🚶 수흐바타르 광장에서 택시로 25분 ⏱ 09:00~20:00, 토·일 10:00~20:00 🏠 goyolcashmere.mn 📍 47.891836, 106.895910

자이승 힐 콤플렉스 Zaisan Hill Complex

자이승 전승 기념탑을 올라가기 위해 거쳐야 할 필수 관문이다. 전망대 주차장과 직접 연결되는 유리 다리, 파노라마 전망을 제공하는 VIP 라운지가 있다. 몽골 최초의 4DX 시네마가 있으며, 국내외 요리, 레스토랑, 커피숍, 주요 국외 및 국내 브랜드를 포함하여 10층 규모로 구성된 문화 및 엔터테인먼트 단지이기도 하다. 쇼핑몰 광장의 대형 분수대는 여름철 현지인 가족들에게 인기가 좋다.

🚶 하이스(ХААИС) 정류장에서 도보 10분
🕐 11:00~18:00 🌐 47.885883, 106.915802

훈누 몰 Hunnu Mall

한 번에 12,000명을 수용할 수 있는 대규모 쇼핑센터. 칭기즈칸 국제공항에서 울란바토르 시내로 가는 길 중간에 위치해 있다. '훈누'는 몽골의 조상인 흉노족의 이름에서 유래했다. 몽골에서 발굴된 실제 공룡 뼈를 전시한 훈누 공원, 사계절 개장하는 실내 아이스 스케이트장, 영화관, 어린이 놀이 센터 등이 결합된 복합 문화공간이다.

🚶 엠씨에스(MCS) 정류장에서 도보 1분 🕐 11:00~22:00
🏠 hunnumall.mn 🌐 47.878563, 106.851149

하르허링 시장 Kharkhorin Market

지하 1층부터 지상 7층까지의 실내 시장으로 한겨울에도 활기가 넘친다. 지하 1층과 지상 1층에서는 휴대폰 등 가전제품과 생필품, 2층에서는 침구류 및 각종 원단과 다양한 디자인의 몽골 전통의상 델을 판매한다. 3층부터 7층까지는 수영복, 트레이닝복, 오피스 및 캐주얼룩, 신발까지 다양한 패션 제품을 취급한다.

🚶 하르허링(Хархорин) 정류장에서 도보 6분
🕐 10:00~19:00, 월 휴무 🌐 47.910341, 106.836435

울란바토르 속의
익숙한 풍경
숨은 한국 찾기

우리에게 익숙한 이름의 거리부터
유명 브랜드까지! 모르면 무심코
지나칠 수 있는, 울란바토르 구석구석
숨어 있는 한국을 찾아보자.

한국 문화의 거리

❶ 서울거리 Сөүлийн гудамж

1996년 울란바토르와 서울이 자매결
연을 맺은 기념으로 조성되었다. 몽골
내 자매 도시 이름을 붙인 거리 중 길이
가 가장 길다. 맛집, 술집, 클럽이 밀집되
어 있어 밤이면 젊은이들로 가득하다.
'서울의 거리'라고 적힌 문기둥과 담벼락
을 지나면 '서울정'이라는 정자를 만난
다. 이곳을 기점으로 걷다 보면 홍익인
간 비석과 한국 식당들을 볼 수 있고 곳
곳에 서 있는 가로등에서 서울의 휘장
도 보인다.

❷ 남양주거리
Нам Янжугийн Гудамж

울란바토르와 남양주가 자매결연을 맺
은 2007년 조성되었다. 자매결연의 결
과로 한국의 남양주에도 몽골문화촌
이 들어섰다. 이 길은 사거리 중앙에 듬
직하게 서 있는 남양주거리 비석을 기
점으로 시작한다. 울란바토르 바양주크
구역 도심 우회 도로와 평화대로 교차
점에서 나랑톨 시장까지 약 1.2킬로미
터 구간이다. 가로등에 남양주의 휘장
이 있다.

한국 브랜드 지점

❶

한국보다 저렴한 불고기 버거
롯데리아

🕐 10:00~23:00(남양주거리 지점)
📞 47.914988, 106.944339

❷

프레즐 맛집 토종 카페
탐앤탐스

🕐 07:30~20:00, 토·일 09:00~20:00
📞 47.915837, 106.918483

❸

울란바토르에만 400여 개 지점
카페베네

🕐 08:00~23:00, 토·일 09:00~23:00(평화
의 길 지점) 📞 47.916100, 106.907611

❹

베이커리 겸 대형 레스토랑
뚜레쥬르

🕐 09:00~21:30(서울거리 지점)
📞 47.913147, 106.904512

❺

한국인은 역시 밥심
봉구스밥버거

🕐 08:30~20:30(몽골 국립대학교 지점)
📞 47.922110, 106.919368

❻

매콤달콤 즉석 국물 떡볶이
먹쉬돈나

🕐 11:00~22:00(비틀즈 거리 지점)
📞 47.914991, 106.906120

❼

따끈한 죽과 고슬고슬 비빔밥
본죽

🕐 11:00~20:30, 일 휴무(평화의 길 지점)
📞 47.915774, 106.900505

❽

지점 700여 개, 몽골 1위 편의점
CU

🕐 24시간(그랜드 오피스 지점)
📞 47.916286, 106.919878

❾

한국 제품 그대로
이마트

🕐 09:00~22:00, 하절기 금·토 09:00~23:00
(칸 울 지점) 📞 47.900606, 106.929316

몽골 현지 분위기를 온전히 느끼는

울란바토르 동부
East Ulaanbaatar

#현지시장 #대형마트 #로컬거리 #국립공원

울란바토르 동부
상세 지도

02 조논 카르 마두금 박물관

이마트 02

몽골 군사 박물관 03

컵 치킨 카페 01

01 몽골 레슬링 경기장

하자라 인도 레스토랑 02

HQ 커피 01

02 로열 아이리시 펍

03 너밍 올마트

나랑톨 시장 01

03 민트 클럽

04 울란바토르 국립공원

몽골 레슬링 경기장 **Wrestling Palace** Монгол Бөхийн Өргөө

몽골의 전통 씨름 경기 '부흐'를 관람할 수 있는 경기장이다. 총 2,500석 규모로 레슬링 외에도 유도, 삼보, 주짓수까지 다양한 스포츠 경기를 진행한다. 평소에는 몽골 국립 레슬링 연맹이 체육관으로 사용한다. 경기장에 입장하면 가장 먼저 역대 몽골의 챔피언들의 사진을 볼 수 있고 포토존에서 촬영도 가능하다. 입장권은 현장에서 바로 구매할 수 있다.

🚶 부흥 우르거(Бөхийн Өргөө) 정류장에서 도보 2분 💰 경기마다 다름
🕐 08:00~18:00 📍 47.917979, 106. 935280

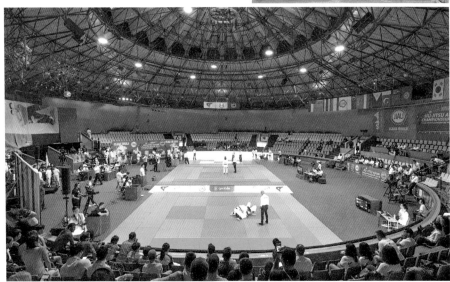

조논 카르 마두금 박물관 **Jonon Khar Morin khuur Museum** Жонон хар музей

몽골을 대표하는 전통 악기인 마두금에 대해 더욱 깊이 있게 탐방할 수 있는 박물관이다. 몽골에서도 희귀한 전통 악기들을 수집하여 전시하고 있으며, 마두금의 역사부터 제작 과정까지 직접 볼 수 있다. 관광 성수기인 여름 시즌에는 일정 이상의 인원의 관광객이 모이면 시간을 조율하여 전통 공연도 감상할 수 있다. 베테랑 연주자의 마두금과 흐미 공연, 몽골의 민속춤인 비엘게와 곡예 등을 중앙 무대에서 만나볼 수 있다.

🚶 이마트 베이징 거리점에서 도보 5분 💰 공연이나 전시에 따라 변동 🕐 매일 10:00~17:00, 공연 3시/5시/7시(전화 문의 필수)
📞 +976-8606-2970 📍 47.925450, 106.935812

몽골 군사 박물관 Mongolian Military Museum Монгол Цэргийн Музей

역사상 가장 넓은 지역을 정복한 몽골제국에 대한 궁금증을 해소할 수 있는 곳. 박물관은 기마부대의 위엄을 상징하는 듯 말발굽 모양을 따라 구성되어 있다. 전시 공간은 지하 1층부터 2층까지 네 개의 홀로 구분되며, 고대에서 현대에 이르기까지 몽골 군대의 역사와 관련된 약 9,000개의 유물을 보관하고 있다. 전국의 고고학 유적지에서 발굴한 청동기 시대의 무기와 갑옷, 말안장부터 20세기부터 21세기까지 사용한 탱크와 전투기를 포함한 현대식 무기를 전시한다.

🚶 주코프 역(Жуковын буудал) 정류장에서 도보 12분 🍴 성인 10,000₮, 학생 4,000₮, 어린이 무료 🕐 10:00~17:00, 화 휴무 🏠 militarymuseum.mod.gov.mn 📍 47.922698, 106.953292

울란바토르 국립공원 Ulaanbaatar National Park Улаанбаатар Үндэсний Цэцэрлэгт Хүрээлэн

울란바토르에서 가장 넓은 국립공원. 22만 종 이상의 나무와 꽃, 대형 분수대가 자리한다. 공원 한편에는 서울특별시에서 조성한 서울숲 어린이 놀이터가 있다. 총 면적이 12.8제곱킬로미터에 이르는데, 울란바토르 전체 녹지 면적의 23퍼센트를 차지할 만큼 넓은 규모를 자랑한다. 공원에 큰 볼거리는 없지만 넓은 조경을 즐기기 어려운 울란바토르 시민에게는 편안한 휴식 공간이자 오락 공간이다. 자전거 대여소가 있으니 나랑톨 시장을 방문한 후 시간이 여유롭다면 한적한 공원을 달려보자.

🚶 선데이 센터 앞(Сандэй төвийн урдах) 정류장에서 도보 12분 🍴 공원 입장 무료, 자전거 대여(1시간) 1인용 5,000₮, 2인용 7,000₮ 🕐 24시간 📍 47.900459, 106.943933

컵 치킨 카페 Cup Chicken Cafe

매콤달콤 국물 떡볶이와 닭강정에 소주 한 잔을 기울일 수 있는 한국식 분식 카페. 밤 8시부터는 몽골의 젊은 아티스트들이 스탠드업 코미디나 라이브 공연을 진행한다. 주문 즉시 노릇노릇하게 튀겨내는 닭강정은 매운맛, 치즈맛, 허니갈릭맛이 있다. 여러 메뉴를 섞어 주문할 수 있는 알뜰 세트도 있으니, 두 명 이상 방문한다면 다양한 메뉴를 주문해 그리운 한국의 맛을 함께 느껴보자.

✕ 닭강정 소 9,000₮, 중 18,000₮, 대 35,000₮
🏃 13구역(13-р Хороолол) 정류장에서 도보 1분 🕐 10:00~23:00
◎ 47.919157, 106.941024

하자라 인도 레스토랑 Hazara Indian Restaurant

1997년 울란바토르에 뿌리내린 최초의 인도 레스토랑. 몽골 레슬링 경기장 뒤편에 비밀스럽게 숨어 있다. 레스토랑 이름 '하자라'는 아프가니스탄 지역에 거주하는 몽골족의 후예 하자라족에서 따왔다. 인도 전통식 항아리 가마 '탄두르'를 사용해 고기나 난을 굽고 허브와 향료를 과하지 않게 적절히 섞어 배합한다. 몽골에서는 매우 귀한 열대 과일과 발효 유제품으로 만든 인도의 대표 음료 라씨도 꼭 맛보자.

✕ 버터치킨 카레 35,000₮, 라쏘니 난 10,400₮, 라씨 쥬스 8,200₮
🏃 부힝 우르거(Бөхийн Өргөө) 정류장에서 도보 4분 🕐 12:00~22:00
🏠 www.hazara.mn ◎ 47.917191, 106.935166

HQ 커피 HQ Coffee

에어컨 등 신식 시설이 완비되어 있는 깔끔한 현대식 카페. 원두커피와 다양한 과일 음료, 브런치 등을 합리적인 가격으로 맛볼 수 있다. 간단한 베이커리류부터 한국식 김밥까지 판매하며, 시즌에 따라 약간의 메뉴 변동이 있다. 독서를 하거나 드로잉을 할 수 있도록 다양한 비품도 마련되어 있으며, 약간의 비용을 추가하여 개별 미팅룸을 이용할 수도 있다.

✖ 커피 7,500₮~, 베이커리류 6,900₮~, 브런치 15,900₮ 🚶 부힝 우르거(Бөхийн Өргөө) 정류장에서 도보 6분 🕐 월~금 07:30~20:00, 토~일 08:00~20:00 📍 47.916098, 106.935506

로열 아이리시 펍 Royal Irish Pub

로열 하우스 호텔에서 운영하는 아일랜드풍의 펍. 120석 규모의 넓은 공간 덕분에 현지인들이 모임 장소로 애용하는 곳이다. 이곳의 대표 메뉴는 시그니처 스테이크로, 부드러운 소고기와 골수 부위가 함께 나온다. 시원한 생맥주를 즐기며 매일 밤 진행되는 라이브 공연을 감상해보자. 매일 오후 12시부터 4시까지는 점심시간으로 모든 메뉴를 30퍼센트 저렴한 가격에 제공한다.

✖ 메인 메뉴 20,000~30,000₮대 🚶 합다르 소드랄링(Хавдар судлалын) 정류장에서 도보 2분 🕐 10:00~24:00 🏠 royalhousehotel.mn 📍 47.915166, 106.944269

민트 클럽 MINT Club

©MINT Club

현지 젊은층과 해외 여행자들이 많이 찾는 클럽으로 몽골의 최신 트렌드를 선도한다. VIP 구역, 춤을 즐길 수 있는 클럽 스테이지, 라운지 바 세 공간으로 나뉜다. 공간에 따라 다른 장르의 음악을 즐길 수 있고, VIP로 입장할 경우 모든 공간을 이용할 수 있다. 안전 요원이 곳곳에 있으나 간혹 소매치기가 있으니 소지품을 항상 조심해야 한다.

₮ 일반 30,000₮, VIP 50,000₮(여성은 수요일 무료입장) 🚶 제체게(ЗЦГ автобусны буудал) 정류장에서 도보 8분 🕐 수~토 20:00~05:00, 일~화 휴무 📍 47.904469, 106.927676

나랑톨 시장 Narantuul Market Нарантуул зах

몽골에서 가장 큰 전통시장으로 현지인들은 '검은 시장'이
라고도 부른다. 사적인 물품 거래를 금지한 공산주의 정
권 시기에 이곳에서 암거래가 이뤄진 데에서 유래한 이름
이다. 지역 주민과 유목민들이 매일 왕래하며, 물품이 매우
다양해서 필요한 것이라면 모두 나랑톨 시장에 있다고 말
할 정도다. 의식주 관련 용품뿐 아니라 말안장, 승마 부츠,
캠핑 장비, 모래바람을 막아주는 고글, 끈 달린 등산모자
등 몽골 여행에 필요한 물품은 이곳에서 전부 구할 수 있
다. 품질 수준은 다양하며 가격은 다른 쇼핑 장소보다 저렴
하다. 간혹 소매치기가 있을 수 있으니 항상 주의하자.

🚶 할드와르팅 에츠시잉(Халдвартын эцсийн) 정류장에서 도
보 7분 🕐 09:00~19:00, 화 휴무 🌐 47.909268, 106.948084

이마트 emart

한국의 대형마트가 몽골에서도 큰 인기를 끌고 있다. 1호 칭기스 지점, 2호 솔로 몰 지점, 2019년에 영업을 시작한 3호 칸 울 지점까지 총 세 개 지점을 운영한다. 한국에서 보던 상품은 물론 몽골과 러시아 제품도 저렴하게 구매할 수 있다. 몽골에서 즉석밥(햇반)은 오직 이마트에서만 구할 수 있으니 참고하자. 즉석식품 코너에서 보이는 명물, 대형 피자와 떡볶이, 어묵이 반갑다.

🚶 1호점 부힝 우르거(Бөхийн Өргөө) 정류장에서 도보 8분, 2호점 허럴럴링 에체스(Хороололын эцэс) 정류장에서 도보 1분, 3호점 수흐바타르 광장에서 택시로 10분(3km) 🕘 09:00~22:00, 하절기 금·토 09:00~23:00 🏠 e-mart.mn 📍 1호점 47.923168, 106.934036, 2호점 47.922930, 106.867189, 3호점 47.900606, 106.929316

너밍 올마트 NOMIN Allmart

몽골 여행을 하다 보면 가장 많이 볼 수 있는 체인 마트. 몽골 전역에서 여러 지점의 대형마트와 소형 슈퍼마켓을 운영한다. 채소와 과일을 포함해 몽골에 귀한 식재료부터 각종 생활용품까지 구비되어 있으니 여행 전 방문을 추천한다. 울란바토르의 대형마트 중 특히 13지구 지점은 총 3층으로 가장 규모가 크고 상품군도 다양하다. 2층에는 캐주얼의류 매장 테라노바와 연결되어 있고 한국 화장품 브랜드 숍도 있다.

🚶 합다르 소틀랄링(Хавдар судлалын) 정류장에서 도보 3분 🕘 08:30~22:00
🏠 eshop.nomin.mn 📍 47.914124, 106.944149

울란바토르 추천 게스트하우스

01 위치와 시설 모두 한국인 안성맞춤

자야 게스트하우스 Zaya Guest house

울란바토르 중심지에서 가장 청결하고 깔끔한 게스트하우스로 꼽힌다. 비틀즈 광장 바로 옆에 있어 식당이나 마트를 비롯한 편의시설과 가깝다. 한국어가 능숙한 매니저가 있어 한국인에게 안성맞춤이다. 성수기에는 인기가 많아 예약이 어려우니 최소 두세 달 전에 예약해야 한다.

₮ 더블룸·트윈룸 $30, 트리플룸 $40 ★ 국영백화점 앞
(Улсын Их Дэлгүүрийн Урд) 정류장에서 도보 5분
📞 +976-1133-1575 🏠 zayahostel.com 🕒 47.915490,
106.904411

---

02 최고의 위치와 다양하고 넓은 객실

홍고르 게스트하우스 Hongor Guest house

한국 여행자에게도 잘 알려진 현지 여행사 '홍고르 익스페디션'에서 운영하는 게스트하우스. 국영백화점 부근에서 쉽게 찾을 수 있다. 개인 여행자를 위한 도미토리룸부터 더블룸, 패밀리룸까지 다양한 객실을 보유하고 있다. 넓은 다이닝룸에서 간단한 조식을 제공하며, 음료수와 간식도 판매한다.

₮ 도미토리 $10, 더블룸 $20, 투룸 아파트 객실 $40
★ 평화와 우정 궁전(Энх Тайван Найрамдлын Ордны
Буудал) 정류장에서 도보 1분 📞 +976-1131-6415
🏠 khongorexpedition.com 🕒 47.916230, 106.903732

---

03 여행의 추억을 나누기 좋은 숙소

골든 고비 호스텔 Golden Gobi Hostel

국영백화점 근처에 위치한 여행자 호스텔. 객실이 많고 욕실도 넉넉하다. 지하의 넓은 공간에는 여러 언어로 쓰인 책이 가득하고, 이곳에서 일행과 대화를 나누기 제격이다. 여름에는 야외 테라스에서 차와 담소를 나누기 좋다. 거실에 있는 매니저에게 원하는 투어 프로그램을 문의하면 알맞은 일정을 소개해준다.

₮ 도미토리 $10~, 트윈룸 $30~ ★ 국영백화점 앞(Улсын
Их Дэлгүүрийн Урд) 정류장에서 도보 3분
📞 +976-9665-4496 🕒 47.917653, 106.907989

울란바토르 추천 호텔

01 간단 사원 근처의 트렌디한 호텔

홀리데이 인 울란바토르 Holiday Inn Ulaanbaatar

영국에 본사를 둔 세계적 호텔 체인이다. 네온컬러를
포인트로 살린 젊은 감각의 인테리어가 인상적이다.
수흐바타르 광장 부근 중심지에서 서쪽으로 조금 떨
어져 있지만, 몽골 불교의 심장인 간단 사원까지 도
보로 7분이면 도착할 수 있다. 또, 주변에 영화관과
쇼핑몰, 음식점 등 편의시설이 즐비하다.

🍴 더블룸 성수기 $135~, 비수기 $110~ 🚶 텡기스(Тэнгис)
정류장에서 도보 3분 📞 +976-7014-2424
🏠 ihg.com/holidayinn 🌐 47.921910, 106.901414

---

02 울란바토르 서부 대표 주상복합 호텔

라마다 울란바토르 시티 센터 Ramada Ulaanbaatar Citycenter

울란바토르 서부 지역 최대 규모를 자랑하는 4성급
호텔로, 대형마트와 MAX 쇼핑몰이 있는 주상복합
형태다. 객실은 전체적으로 황토빛의 원목 인테리어
로 따뜻한 분위기를 풍긴다. 호텔 내 한식, 일식, 양
식 레스토랑을 보유하고 있고, 17층의 라운지 바에서
야경도 즐길 수 있다.

🍴 스탠다드 트윈룸 성수기 $170~, 비수기 $110~
🚶 바롱 더럽 잠(Баруун 4 зам) 정류장에서 도보 1분
📞 +976-7014-1111 🏠 www.ramadaub.mn
🌐 47.915529, 106.892155

---

03 동행과 파티하기 좋은 아파트형 객실

더 코퍼레이트 호텔 The Corporate Hotel

바양골 호텔 옆 현대식 빌딩이 1호점이며, 한국 대사
관 근처에 컨벤션 센터와 함께 운영하는 2호점도 있
다. 음식을 조리할 수 있는 시설이 완비된 아파트형
객실도 있어 숙소에 있는 시간이 긴 사람들에게 추천
한다. 호텔 내부에 분위기 좋은 카페와 몽골 요리를
전문으로 하는 '체어맨' 레스토랑이 있다.

🍴 스탠다드 더블룸 $127~ 🚶 바양골(Баянгол ЗБ) 정류
장에서 도보 2분 📞 +976-1133-4411 🌐 47.913102,
106.914086

04 전망이 끝내주는 5성급 호텔

더 블루 스카이 호텔 앤 타워 The Blue Sky Hotel and Tower

울란바토르 시내 중심에 자리한 호텔로 명실상부
울란바토르의 랜드마크로 통한다. 푸른색 유리벽으
로 덮여 있는 반달 모양의 건물로 쉽게 찾을 수 있다.
모든 객실이 도시 전망이지만 칭기즈칸 광장이 정면
으로 보이는 객실은 가격이 조금 더 비싸다. 23층 라
운지 바에서 감상하는 도시의 야경은 황홀하기까지
하다.

⚡ 디럭스 트윈룸 성수기 $160~, 비수기 $115~
🚶 수흐바타르 광장에서 도보 5분 📞 +976-7010-0505
🏠 hotelbluesky.mn 📍 47.916364, 106.918635

05 시설 대비 가성비 높은 호텔

노보텔 울란바토르 Novotel Ulaanbaatar

울란바토르 북쪽에 위치한 알록달록한 빌딩을 찾자.
울란바토르의 최신식 호텔 중 한 곳으로, 깔끔하고
쾌적한 객실과 맛있는 조식으로 유명하다. 호텔 내
편의시설도 잘 갖춰져 있고 근처에 한국식 삼겹살 식
당과 몽골리안 바비큐 레스토랑 등 맛집도 많다. 레
이트체크아웃을 미리 신청하면, 무료로 퇴실 시간을
조금 늦출 수 있다.

⚡ 스탠다드 더블룸 $190~, 주니어 스위트룸 $250~ 🚶 더
럽 두게르 델구링(4 Дүгээр дэлгүүрийн)정류장에서 도
보 1분, 주니어 스위트룸 $250~ 📞 +976-7010-1188
📍 47.926559, 106.917160

06 광장에서 가장 가까운 5성급 호텔

베스트 웨스턴 프리미어 투신 호텔 Best Western Premier Tuushin Hotel

수흐바타르 광장에서 100미터 떨어져 있는 5성급 호
텔로, 위치와 서비스가 최상급이다. 넓은 객실 창문
으로 도시 전경이 내다보이며 객실도 넓고 쾌적하다.
10개국의 언어 능력을 보유한 직원들이 있으며, 호주
산 스테이크 및 그릴 요리 전문 레스토랑과 프리미어
라운지 펍을 운영한다.

⚡ 슈페리어 더블룸 성수기 $176~, 비수기 $123~
🚶 수흐바타르 광장에서 도보 2분 📞 +976-1132-3162
🏠 bestwesternmongolia.mn
📍 47.920490, 106.920767

07 조용한 분위기와 편리한 위치
우르고 부티크 호텔 Urgoo Boutique Hotel

수흐바타르 광장 바로 건너편에 자리하고 주요 관광지와 가까워 위치 면에서 최고이다. 중심가에서 벗어나 있으나 편의시설이 가까운 거리에 모여 있어 조용하게 숙소를 이용하고 싶은 사람에게 적합하다. 1층에는 유럽식 및 몽골 음식을 판매하는 아트 레스토랑과 버블티 전문점이 있어서 편리하게 이용할 수 있다.

✈ 스탠다드 더블룸 $80~ 🏃 수흐바타르 광장에서 도보 2분
📞 +976-7011-6044 🏠 urgoohotel.com
🌐 47.919801, 106.914897

08 고풍스러운 유럽 건축 양식
더 컨티넨탈 호텔 The Continental Hotel

울란바토르 셀베 강 인근의 유럽풍 아치형 건물을 찾자. 여름이면 호텔 앞 정원의 분수대에서 분수가 힘차게 솟아오른다. 야외 전망이 아름다워 현지인들의 단골 결혼식 장소이기도 하다. 유럽 셰프들의 요리를 맛볼 수 있는 비너스 레스토랑과 밤 12시까지 운영하는 라운지 펍이 있다.

✈ 스탠다드 트윈룸 $150~
🏃 수흐바타르 광장에서 도보 10분
📞 +976-9909-6986 🏠 ubcontinentalhotel.com
🌐 47.912600, 106.924770

09 울란바토르 럭셔리 호텔 최강자
샹그릴라 호텔 Shangri-La Hotel, Ulaanbaatar

로비에 한 발짝 들어서면 화려한 샹들리에부터 럭셔리 그 자체. 비싼 가격만큼 넓은 객실에 우아한 분위기를 풍긴다. 북향 객실에서는 칭기즈칸 광장이 내려다보인다. 25미터 길이의 온수 수영장과 사우나, 90개가 넘는 기구를 갖춘 피트니스 클럽, 어린이를 위한 실내 놀이터까지 완벽하다.

✈ 디럭스 더블룸 성수기 $350~, 비수기 $250~
🏃 수흐바타르 광장에서 도보 9분
📞 +976-7702-9999 🏠 shangri-la.com/ulaanbaatar
🌐 47.912814, 106.920606

각자의 자리에서 빛나는 이들의 이야기
몽골 여행의 숨은 주인공들

언드랄 Undral Undrakhtsog Ундрахцог Ундрал

몽골 여행 기획자 & 현지 여행사 CEO

2018년부터 Woodpecker's Inn Tours를 운영하고 있는 여행사 대표입니다. 저와 제 남편은 지난 20년 동안 몽골 관광 분야에서 활동해 왔으며, 저는 독일어와 영어를 공부하고 학생 시절부터 투어 가이드로 일해왔습니다. 몽골 전역을 여행하며 쌓은 지식과 경험을 바탕으로 여행사를 설립하였고, 몽골 전역에서 투어를 운영하고 있습니다.

◎ 여행사의 비전과 특징을 설명해 주세요.

우리의 주요 비전은 몽골에서 꿈같은 여행을 고객에게 제공하는 것입니다. 고객은 몽골에서 잊지 못할 경험을 하고, 우수하고 맞춤화된 서비스를 합리적인 가격에 즐길 수 있습니다. 팀워크, 원활한 의사소통, 긍정적인 태도는 우리의 주요 원칙이며, 각 여행의 안전을 책임지는 리더 가이드와 운전기사는 중요한 자산입니다. 우리 팀은 젊고 활기 넘치는 인재들로 구성되어 고객에게 많은 즐거움과 에너지를 선사합니다. 현재 여행사에는 4~5명의 가이드와 7~8명의 운전기사가 일하고 있습니다. 고객은 다양한 국가에서 오며, 특정 국가에 국한되지 않습니다.

◎ 몽골 여행은 어떤 사람에게 추천할 수 있을까요? 몽골 여행의 장점을 알려주세요.

수년 동안 전 세계 많은 나라의 여행자들이 우리와 함께했습니다. 이 책의 저자인 한나를 포함하여, 몽골에 한 번 방문했던 고객이 결혼을 하고 자녀를 낳아 가족이 함께 다시 몽골에 오기도 합니다. 요즘처럼 개인주의가 강해진 사회적 분위기에서 잠시 벗어나서 협동을 통해 캠핑을 하고, 땔감을 직접 구해 불을 피우고, 야외에서 음식을 함께 만드는 것은 가족의 관계를 더욱 가깝게 만들어 줍니다. 10대 자녀와 함께 우리 여행사를 찾은 한 미국인 가족은 오랜 시간 승마, 캠핑, 유목민 체험을 즐겼습니다. 그들은 자녀들이 유해한 것들에 쉽게 중독될 수 있는 요즘 같은 환경 속에서 몽골이 이러한 것을 피할 수 있는 좋은 장소라고 말했습니다. 또 다른 고객으로, 싱가포르의 한 사업가는 업무적 스트레스를 잊어버릴 수 있도록, 아주 조용하게 힐링할 수 있는 모험을 하고자 몽골을 찾았다고 했습니다. 그는 "오직 자신의 숨소리만 들을 수 있는 조용함이 필요하다."라고 말하기도 했습니다.

◎ 일반적으로 몽골에서 투어 프로그램을 운영하는 방식에 대해 궁금합니다. 처음 방문하는 여행자에게 몽골의 여행 시스템을 소개해 주세요.

외국인 관광객을 몽골로 유치하기 위해 여러 가지 방법을 사용하고 있습니다. 보통 기존에 우리 여행사를 이용했던 고객들이 몽골에 오고자 하는 다른 여행자들에게 우리를 소개해 주고, 그들이 인스타그램, 왓츠앱 또는 페이스북을 통해 우리와 직접 연락을 합니다. 또한 몇 가지 투어를 Viator에 등록하였으며, 이는 부킹닷컴, 트립어드바이저와도 연결되어 있습니다. 우리 고객의 상당수는 관광객이 거의 없고 몽골의 진정한 유목 문화를 느

우리가 경험하는 모든 몽골 여행 뒤에는 광활한 땅을 무대 삼아 각자의 역할을 해내는
이들이 있다. 여정의 시작부터 끝까지 여행을 기획하는 여행 기획자, 험난한 오프로드를
누비는 운전기사, 그리고 때로는 여행자의 눈과 귀가 되어 몽골의 여정을
함께하는 여행 가이드까지. 특별한 여행을 만드는 몽골의 숨은 주인공들을 만나보았다.

낄 수 있는 장소를 경험하고자 하며, 주로 사적인 투어를 원하는 경우가 많아, 종종 몽골의 아름다운 자연 속 외딴곳에서 캠핑을 요청합니다. 그래서 사전에 여행자들이 몽골에서 경험하고 싶은 것이 무엇인지 듣고, 관심 사에 맞춘 멋진 여행을 추천해 드립니다.

Q **몽골 전 지역에 대해 잘 알고 있는 여행사의 대표로서 가장 추천하고 싶은 지역과 그 이유를 알려주세요.**

몽골은 넓고 순수한 자연과 모험이 가득한 나라로 잘 알려져 있습니다. 그래서 많은 사람들이 몽골만의 독특 한 자연과 전통적인 모습을 기대합니다. 많은 여행자들이 선택하는 투어는 9일간의 '고비-중앙 몽골 초원 여 행'입니다. 이 투어는 현지 유목 생활을 일부 경험할 수 있는 다양한 활동이 포함되어 있으며, 매일 새로운 장소 를 볼 수 있습니다. 또한, 다른 여행사가 다니지 않는 특별한 경로로 고비에서 중앙 몽골로 가는 아름다운 길이 있습니다. 하이킹과 캠핑을 좋아한다면 중앙 몽골의 자브항, 서부 몽골의 알타이산맥을 추천합니다. 시간적 여 유가 있고 몽골의 가장 아름다운 장소들을 모험적인 방식으로 경험하고자 하는 사람이라면 바양울기 아이막 (Баян-Өлгий), 오브스 아이막(Увс) 인근 지역을 추천합니다.

Q **한국인 여행자에게 해주고 싶은 말이 있으면 해 주세요.**

최근 몽골에는 한국 고객만을 대상으로 하는 많은 여행사가 생겼습니다. 하지만 이들 모두가 전문적이지는 않 으니 주의가 필요합니다. 여행사를 선택하기 전에 충분한 조사를 하고, 해당 여행사가 몇 년간의 경험을 가지 고 있는지, 가이드와 운전기사에 대한 정보를 꼼꼼히 체크하는 것이 좋습니다. 몽골에서 보고 싶은 것과 원하 는 서비스를 정리한 리스트를 작성해 보는 것도 좋습니다. 한나가 작성한 이 책은 매우 유용하니, 이 책을 여행 에 가져가는 것을 추천합니다. 한국어만 할 줄 아는 초보 가이드보다 이 책이 더 도움이 될 것입니다. 한국 여 행객을 위한 몽골 여행사에 관한 불만 사항이나 추가 정보가 필요하다면 '몽골과 한국 관광 협회(kmongolia. tours@gmail.com)'에 연락할 수 있습니다.

© WoodPecker's Inn Tours

간조 **Ganzoring Gombosuren** Ганзориг Гомбосурэн
몽골 오프로드 운전기사 & 몽골 우아즈(UAZ) 클럽 창립자 회원

저는 고향인 밧시리트 헨티(Btshireet Khentii)에서 15세부터 아버지와 함께 러시아 군용 지프차인 푸르공(UAZ 469)를 다루기 시작했습니다. 18세에 운전면허를 취득한 후에는 정식 오프로드 운전기사가 되어 독일 작가와 함께 몽골 전역을 여행하면서 22년 이상 푸르공을 운전했습니다.

Q 몽골에서도 베테랑 드라이버들이 모인 '우아즈(UAZ)' 클럽에 대해 소개해 주세요.

2017년에 저와 몇몇 친구들이 함께 푸르공을 사랑하는 마음으로 '몽골 우아즈 클럽(Mogolia UAZ Club)'을 창립했습니다. 클럽의 이름인 '우아즈'는 푸르공의 국제적인 모델명 'UAZ'를 뜻하며, 우리는 몽골 전국을 달리는 베테랑 운전기사들로 구성되어 있습니다. 처음에는 페이스북 그룹으로 시작했는데, 곧 많은 몽골 사람들에게 인기를 끌어 지금은 35만 명 이상의 팔로워가 있습니다. 이후 몽골 우아즈 클럽이라는 비영리 단체를 공식적으로 설립했고 현재 약 100명의 회원이 활동 중입니다. 내부 심사를 통해 공식 회원 번호를 부여하고, 전문적인 운전 기사임을 인증하는 '우아즈 클럽' 인증 마크를 부여합니다. 우리는 매년 모임을 개최하고 소규모 랠리를 조직하며, 차량을 튜닝하고, 겨울에는 유목민을 돕기 위해 필요한 물품을 전달합니다. 또한, 젊은 사람들과 다른 여행객들에게 자연에 쓰레기를 버리지 말라는 메시지를 전하고 있습니다.

Q 고속도로도 없고, 이정표도 없고, 인터넷도 내비게이션도 없는 드넓은 땅 몽골에서 어떻게 운전을 하는지 궁금해요.

저는 시골에서 태어났으며, 어릴 때부터 아버지와 함께 사냥과 낚시를 하며 유목 생활을 했습니다. 밧시리트 같은 시골에서 태어나면 산과 강을 따라 길을 찾고, 멀리서 거리 감각을 익히고, 야생 동물의 발자국을 따라가는 법을 자연스럽게 배우게 됩니다. 몽골에서는 햇빛이 밝고 밤하늘이 맑아 방향을 쉽게 알 수 있으며, 저는 길을 잃는 것에 대한 두려움이 없습니다. 푸르공은 어떤 환경에서든 강하고, 문제가 생기더라도 스스로 수리할 수 있기에 더욱 신뢰감을 줍니다.

Q 오랜 기간 몽골의 오프로드를 달렸는데, 당신에게 푸르공이란 어떤 의미인가요?

푸르공은 우리나라의 일부 같은 존재이며, 이 차 없는 몽골의 길을 상상할 수 없습니다. 이 차는 몽골의 울퉁불퉁한 길에 잘 어울리며 캠핑카처럼 차 안에서 잠을 잘 수도 있습니다. 이 차는 도로 위에서 좋은 친구와도 같습니다. 물론 타이어가 손상되거나 기계 부품이 고장 나거나 진흙이나 모래에 빠지는 경우도 있지만, 이런 일들은 모험의 일부입니다. 제가 가장 오랫동안 운전한 기록은 서부 몽골에서 울란바토르까지 논스톱으로 28시간 동안 1,700km를 운전한 것입니다. 저에게는 이런 일이 익숙합니다.

Q 몽골을 찾는 여행자가 꼭 주의해야 하는 사항이 있나요? 한국인 여행자에게 해주고 싶은 말이 있다면 알려주세요.

몽골은 생각한 것보다 매우 넓고 인구는 약 350만 명에 불과해 교통 인프라가 부족합니다. 어떤 장소를 보거나 가기 위해서는 멀리 운전해야 하고 도로 상태도 좋지 않습니다. 그래서 긴 시간을 차 안에서 보내야 하며, 도로가 울퉁불퉁하다는 점을 미리 염두에 두고 준비하는 것이 좋습니다. 극한의 기후와 험난한 지형에서도 수동으로 모든 조작이 가능한 푸르공은 몽골 어디든, 심지어 산 정상까지도 갈 수 있는 안전한 차이니 너무 걱정마세요.

사라 **Jamsranjav Saranbileg** Жамсранжав Саранбилэг
몽골 여행 전문 가이드

한국의 제주도에서 대학을 다니던 당시, 야생화를 좋아하는 한 가족과 함께 여행을 떠났던 경험이 여행 가이드가 되기로 마음 먹은 계기가 되었습니다. 처음에는 몽골과 러시아 바이칼 지역을 전문으로 가이드 활동을 시작했으며, 현재는 몽골을 전문으로 하는 패키지 전문 여행 가이드 8년 차, 총괄 매니저로는 4년 차로 활동하고 있습니다.

Q 일반적으로 몽골 여행 가이드의 업무 범위는 어떻게 되나요?

기본적으로 여행 가이드는 여행자의 일정을 관리하는 인솔자 역할을 하며, 관광 명소에서는 역사 도슨트로서의 역할을 수행합니다. 울란바토르를 벗어난 지역에서는 식당이 부족한 경우가 많기 때문에 식사를 준비할 줄 아는 능력도 필요합니다. 또한, 매주 높은 고비 사막을 오를 수 있을 만큼의 체력이 요구되며, 무엇보다 긍정적인 태도가 매우 중요하다고 생각합니다. 고객들이 어려운 일정을 소화하고 있을 때, 가이드가 함께 어려워하거나 부정적인 태도를 보이면 여행이 힘들어질 수 있기 때문입니다.

Q 몽골에는 공식적인 여행 가이드 자격증이 있나요? 가이드가 되기 위해 어떤 교육 과정을 거쳐야 하는지 궁금합니다.

코로나19 전후로 몽골 관광 산업의 확대를 위해 국가 차원에서 자격증 제도의 필요성이 논의되어 온 결과, 2024년 1월부터 공식 자격증 제도가 시행되었습니다. 이제 몽골 관광 협회나 여행 가이드 센터, 가이드 협회 등에서 제공하는 2~3주간의 교육 과정을 이수한 후, 몽골 국립 박물관과 칭기즈칸 국립 박물관에서 시험을 보게 됩니다. 시행 초기 단계이지만, 앞으로 젊은 가이드들이 취업에 도움이 될 것으로 보입니다.

Q 가이드의 해박한 지식에 놀랄 때가 많습니다. 역사 외에 추가로 공부해야 할 것이 있나요?

몽골의 역사뿐만 아니라, 문화, 지리, 그리고 센스 있는 대응이 중요합니다. 몽골 여행은 대부분 이동 시간이 매우 길고, 일몰 후에는 활동이 제한되는 지역이 많아서 특히 가이드의 센스가 여행의 만족도를 좌우하는 중요한 요소인데요. 젊은 여행자들에게는 예쁜 사진 촬영 포인트를 제시하거나 노래 한 곡할 수 있는 등 센스 있는 맞춤형 접근이 필요하고, 인문학적인 지식에 대한 갈증이 있으신 시니어 여행자들에게는 역사와 문화를 충분히 설명하는 것이 중요합니다. 여기서 하나의 팁을 말씀드리자면, 역사적인 설명을 길게 하다 보면 지루해질 수 있기 때문에, 어려운 말보다는 쉽고 재미있고 임팩트 있게 설명하도록 합니다.

Q 한국인 여행객의 특징이 있다면? 추가로 독자분들께 해주고 싶은 말이 있다면 알려주세요.

한 달 이상의 휴가 동안 몽골을 찾는 유럽권 여행객은 여유로운 여행을 즐기는 경향이 있습니다. 반면, 한국인 여행객은 연차가 제한적이라 짧고 강도 높은 여행 스타일을 선호하는 경우가 많습니다. 그래서 일정이 짧고 빡빡한 여행을 합니다. 몽골이 처음이자 마지막이 될 것처럼 많은 일정을 소화하려 하다 보니, 너무 과중한 계획을 세워서 힘들어하는 일도 많습니다. 한국에서는 빨리빨리 문화가 일반적이지만, 몽골에서는 관대한 마음을 가지고 여유롭게 평화로운 대자연을 오롯이 느껴보실 것을 추천합니다. 그리고 최근 안타깝게도 일부 캠프에서는 한국인 여행객을 받지 않는 일도 생기곤 합니다. 그 이유는 상당수의 관광객들이 큰 소리를 내며 밤늦게까지 술을 마시고, 새벽에 일찍 일어나 소란스럽게 대화하며 다른 여행객들의 조용한 아침을 방해하는 사례가 자주 발생하기 때문입니다. 아무래도 전통 가옥 특성 상 방음이 잘 안되는 부분을 이해해주시고, 조금 더 타인을 배려하는 마음을 갖고 여행한다면 모두가 즐거운 몽골 여행이 될 것입니다.

CHAPTER
02

초원 위 힐링 여행지
테렐지 국립공원

#초원여행 #승마 #당일치기
#캠핑 #은하수

푸른 초원 위에 그림 같은 게르가 가득한 힐
링 천국. 울란바토르에서 가까운 승마 명소
이기도 하다. 아름다운 숲과 계곡, 다채로운
이야기를 품은 기암괴석, 당장이라도 쏟아질
것 같은 은하수가 어우러져 하나의 작품을
이룬다. 게르 캠프, 리조트, 호텔 등 편의시설
도 다양해 다른 지역 대비 숙박하기에 편리
하다. 테렐지 국립공원 방문 전 칭기즈칸 동
상 박물관에 들러 몽골의 랜드마크인 40미
터 높이의 칭기즈칸 동상을 꼭 만나보자.

테렐지 국립공원
상세 지도

부가트 리조트 **02**

테렐지 호텔 앤 스파 **01**

테렐지 승마 캠프 **08**

토브
울란바토르

01 고르히-테렐지 국립공원

아리야발 사원 **04**

거북바위 **05**

거북바위 기념품점

07 공룡 공원

테렐지 마운틴 롯지 **05**

06 미라지 투어리스트 캠프

아얀친 포시즌 롯지 **04**

레드록 리조트 **03**

100 라마 동굴 **06**

에스 슈퍼마켓 **01**

07 글로리 리조트

03 톨강

테렐지 마을 입구 **!**

칭기즈칸 동상 박물관 **09**

13세기 마을 테마 공원 **09**

02 호쇼르 거리

! 톨게이트

◀ ⊙ 울란바토르

N
W E
S

0   1Km

178

대중교통을 이용해
가는 방법

버스 이용하기

버스를 이용해 울란바토르에서 테렐지 국립공원으로 가는 방법은 두 가지다. 하나는 울란바토르에서 테렐지로 한 번에 가는 방법, 다른 하나는 테렐지 인근 날라이흐(Налайх) 지구를 경유하는 방법이다. 버스비는 편도 2,500투그릭. 버스 배차 간격이 상당히 길기 때문에, 시간 여유가 없는 여행자들은 택시나 리조트의 픽업 서비스를 이용하길 추천한다.

1 울란바토르 — 테렐지 국립공원

바롱 더럽 잠(Баруун 4 зам) 정류장에서 테렐지(Тэрэлж)라고 적힌 버스를 타면 테렐지 국립공원으로 바로 갈 수 있다. 2시간 이상 소요되며, 테렐지 지역에는 버스정류장 팻말이 따로 없으니 내릴 때 목적지에서 운전기사에게 세워달라고 요청해야 한다. 버스 노선 번호가 따로 없고 하루 2회 내외 운행하므로 현지인들은 날라이흐 지구를 경유하는 버스를 선호한다.

바롱 더럽 잠 버스정류장 ⊙ 47.915385, 106.897618

2 울란바토르 — 날라이흐 지구 — 테렐지 국립공원

• 바롱 더럽 잠(Баруун 4 зам) 정류장에서 날라이흐(Налайх)라고 적힌 버스를 타면 테렐지 국립공원 입구에서 약 10킬로미터 정도 떨어진 날라이흐 지구로 이동한다. 보양 날라이흐(Буян Налайх) 센터 앞에서 하차하면 된다.

• 보양 날라이흐(Буян Налайх) 센터 건너편 버스정류장에서 테렐지(Тэрэлж)라고 적힌 봉고차를 타고 이동한다. 톨 강이 보이는 테렐지 마을 입구까지 약 20~30분 정도 소요되며, 원하는 목적지에서 운전기사에게 세워달라고 요청 해야 한다.

날라이흐 버스정류장 ⊙ 47.776057, 107.254232

3 택시

울란바토르 중심부 출발을 기준으로 편도 요금은 200,000투그릭 내외이다. 기름값을 별도로 요구하는 운전기사도 있다. 테렐지 국립공원까지는 도로 상태가 울퉁불퉁해 다소 험난하다. 이곳에 한 번 방문하면 빈 차로 나와야 하므로 즉석에서 택시를 잡기는 쉽지 않다. 테렐지에서 리조트나 호텔에 묵는다면, 숙소 예약 시 픽업 서비스 유무를 문의하 고 이용하길 권장한다.

주말을 알차게 즐기는
테렐지 1박 2일 추천 코스

울란바토르 근교에서 은하수를 마음껏 즐기는 낭만적인 단기 힐링 코스

1박 2일 코스

DAY 01

- 울란바토르 출발

  약 2시간(55km)

- 칭기즈칸 동상 박물관

- 호쇼르 거리에서 점심 식사

  20분(20km)

- 거북바위

  10분(3km)

- 아리야발 사원

- 숙소에서 저녁 식사 및 은하수 감상

DAY 02

- 숙소 출발

  20분(14km)

- 테렐지 승마 캠프

- 테렐지 마운틴 롯지 레스토랑에서 점심 식사

  10분(9km)

- 100 라마 동굴

  약 2시간(48km)

- 울란바토르 도착

TIP

시간 여유가 없는 단기 여행자에게 추천

테렐지 국립공원은 울란바토르에서 2시간 걸리는 근교에 있어 몽골의 일부를 압축적으로 경험하기에 좋다. 아침 일찍 출발하면 당일치기 여행도 충분히 가능하다. 또한 다른 지역으로 떠나는 여행의 시작이나 마지막에 테렐지 국립공원 방문 일정을 추가하는 것도 괜찮다.

고르히-테렐지 국립공원 Gorkhi-Terelj National Park Горхи-Тэрэлж Үндэсний цэцэрлэгт хҮрээлэн

울란바토르 근교의 헨티산 자락에 위치한 명소. 숲과 계
곡, 초원과 기암괴석이 한 폭의 그림에 담긴 듯 어우러져
몽골 현지인들에게 사랑받는 휴양지다. 여유가 없는 여
행자가 단시간에 몽골을 경험하기에 좋다. 가장 높은 지
점은 해발 2,664미터이며, 곳곳에 거북바위와 같이 전
설이 담겨 있거나 역사적인 바위 동굴이 많다. 승마, 트
레킹, 하이킹, 수영 및 골프까지 즐길 수 있는 액티비티가
무척 다양하다. 특히 여름철 3개월 동안 짧게 만발하는
야생화가 특히 장관이다. 겨울에는 개썰매와 말이 끄는
썰매를 체험할 수 있다. 숙소는 여행자 게르 캠프부터 리
조트, 호텔까지 다양하다.

🚶 울란바토르에서 차로 1시간 30분 내외(45km) 🕐 24시간
📍 48.158531, 107.687465

테렐지

호쇼르 거리 **Khuushuur Street** Хуушуурын гудамж

테렐지 국립공원으로 향하는 길목에 수많은 천막 음식점이 오밀조밀 모여 사람
들을 유혹한다. 바로 현지인들이 즐겨먹는 튀김만두 호쇼르 맛집들이다. 울란바
토르로 가는 도로 중간에 위치해 장시간 운전에 지친 현지인들이 즐겨 찾는다. 호쇼
르를 갓 빚어 노릇노릇 굽는 냄새가 코를 자극한다. 반달 모양, 찐빵 모양을 포함해 모
양도 다양하다. 호쇼르는 몽골의 현지 케첩을 그릇에 짜고 듬뿍 찍어 먹어야 제맛. 기
름진 맛이 느껴질 때쯤 시원한 콜라를 벌컥벌컥 들이키면 그야말로 최고다.

🚶 울란바토르에서 차로 1시간(40km) 🕐 10:00~18:00 📍 47.797351, 107.326067

톨강 **Tuul River** Туул Гол

몽골 동부 헨티산맥에서 시작해 울란바토르를 지나 서
쪽으로 흘러가는 약 700km의 강으로, 서울의 한강처럼
주요 식수원이자 '생명줄'로 여겨진다. 테렐지 입구부터
굽이쳐 흐르는 톨강 주변에는 울창한 초원과 숲이 어우
러지며, 맑은 날씨에는 수면에 몽골의 푸른 하늘이 그대
로 비쳐 한 폭의 그림 같은 풍경을 연출한다. 강을 따라
걷는 하이킹 코스나 말을 타고 주변 초원과 강변의 풍경
을 감상하는 승마 코스가 인기다.

🚶 테렐지 마을 입구에서 도보로 10분 🕐 24시간
📍 47.821361, 107.331668

아리야발 사원 Aryabal Monastery Арьяабал номын хийд

굽이치는 강과 숲으로 둘러싸인 아름다운 언덕 위 화강암 지대에 위치한 사원. 거북바위에서 북쪽 오르막길을 따라 3킬로미터 위 숲속 절벽에 숨어 있다. 1810년 몽골과 티베트 예술가들이 지은 사원은 1930년대 후반 몽골 공산주의 정권에 의해 완전히 파괴되었고, 머물던 승려들은 학살당했다. 이후 사원은 승려들에 의해 지금의 모습으로 복원됐다. 길쭉하게 펼쳐진 108개의 계단과 절벽 위의 사원은 언뜻 보면 코끼리 머리 모양과도 흡사하다. 영어와 몽골어로 쓰여진 144개의 불경 표지판은 성전으로 가는 길 측면에 줄지어 있다.

🚶 거북바위에서 차로 10분 이동 후 도보 15분 📍 47.935661, 107.427447

거북바위 Turtle Rock Мэлхий хад

테렐지 국립공원의 심장부에는 영웅적인 전설이 깃든 약 20미터의 독특한 모양의 암석이 있다. 관광 명소로 잘 알려진 이 거대한 바위는 바람과 빗물이 조각한 자연 경관으로 거북이를 닮았다 하여 거북바위로 불린다. 몽골 전설에 따르면, 17세기 준가르제국의 통치자 갈단칸은 이곳에서 전투를 치르다가 갖고 있는 모든 보물을 바위 동굴 안에 숨겼다. 이후 몽골인들은 거북바위가 부를 가져온다고 믿고 신성하게 여기고 있다. 과거에는 은바위, 은절벽으로도 불렸다. 바위 위에 오르면 테렐지의 전경을 한눈에 담을 수 있다.

🚶 테렐지 마을 입구에서 차로 20분(17km)
📍 47.907576, 107.422838

TIP
거북바위 기념품점

거북바위 아래쪽에는 게르 두 개가 있다. 바로 몽골 전통 기념품을 판매하는 게르와 시원한 아이스크림을 구매할 수 있는 매점 게르다. 시간이 넉넉하다면 들러보자.

📍 47.905843, 107.425898

100 라마 동굴 100 Lama's Cave Зуун ламын агуй

1930년대 공산주의 정권이 종교를 탄압하자 100명의 승려가 두 달 동안 숨어 지냈다는 동굴이다. 전해지는 이야기에 따르면 일부 승려가 이 동굴에 숨어 있다가 탈출했거나 발각되어 처형되었다. 이름과 달리 실제로는 100명의 승려들을 수용할 만큼 공간이 여유롭지는 않다. 몽골에서는 여러 명을 수천, 수백만, 수십억 명이라고 과장하여 표현하기도 하므로, 이 동굴을 100 라마 동굴이라 부른 것도 이해가 간다.

🏃 테렐지 마을 입구에서 차로 7분(7km)
📍 47.839410, 107.399075

공룡 공원 Park of Dinosaurs Үлэг гүрвэлийн цэцэрлэгт хүрээлэн

계곡 바깥 가장자리의 가파른 언덕 뒤에 위치한 공룡 테마 공원. 기존에는 어린이들의 캠프가 모여 있던 곳이지만 지금은 공룡 모형 몇 개만 남아 있다. 과거 몽골 초원을 누볐던 공룡들이 실제 크기로 만들어져 있다. 볼거리가 많지는 않지만 기념사진 촬영이 목적이라면 가벼운 마음으로 들러보자.

🏃 테렐지 마을 입구에서 차로 17분(16km)
💰 입장료 1,000₮ 🕐 10:00~17:00
📍 47.902897, 107.438528

테렐지 승마 캠프 Terelj Horse Riding Camp Тэрэлж морь унах бааз

울란바토르에서 가까운 테렐지는 말을 타기에 최적의 장소다. 이곳에는 멋진 지형, 흥미로운 유적지, 전통적인 유목 문화가 모두 한데 어우러져 있다. 말을 타고 산과 강을 건너 숲이 우거진 계곡의 깊은 곳을 달리면 짜릿함이 느껴진다. 말을 타고 주변을 가볍게 둘러보기만 하더라도 부족함이 없고, 하루 이상 테렐지에서 머문다면 승마 투어를 신청해 참여해도 좋다.

🏃 테렐지 버스정류장(47.976488, 107.467213)에서 도보 10분 내외 📍 47.978962, 107.462917

칭기즈칸 동상 박물관 Chinggis Khaan Statue Complex

몽골제국 건국 800주년을 기념해 만든 박물관. 박물관 위에 있는 40미터 높이의 칭기즈칸 동상은 250톤이 넘는 강철을 사용해 만들었으며, 세계에서 가장 높은 기마 동상으로 꼽힌다. 울란바토르에서 동쪽으로 54킬로미터 떨어진 톨강 유역의 천진벌덕 초원에 자리한다. 박물관 앞 광장의 서른여섯 개 기둥은 칭기즈칸 이후 몽골제국의 서른여섯 명의 왕을 상징한다. 기록에 따르면, 케레이트 부족의 투릴 칸에서 돌아오는 길에 칭기즈칸이 이곳에서 황금 말채찍을 발견했다고 하며, 이후 몽골인들은 이곳을 행운을 불러오는 장소로 여긴다. 칭기즈칸은 그의 고향 헨티산을 향해 서있다. 동상을 떠받들고 있는 건물은 몽골인들의 삶과 문화를 엿볼 수 있는 박물관이다. 청동기 시대부터 13~14세기 몽골제국 시대 유물들까지 다양하게 전시한다. 건물 내부의 엘리베이터를 이용해 말 머리에 있는 전망대까지 오를 수 있다.

🚶 울란바토르에서 차로 1시간 10분(60km)
✈ 성수기 20,000₮, 비수기 10,000₮ 🕐 10:00~18:00
🌐 47.808162, 107.529776

칭기즈칸 신발

칭기즈칸 황금 말채찍

칭기즈칸 동상 박물관 전시홀

테렐지 호텔 앤 스파 Terelj Hotel and Spa

테렐지 국립공원의 유일한 5성급 호텔. 52개 객실이 있으며 몽골에서 가장 규모가 큰 온수 수영장과 정통 핀란드식 사우나를 보유하고 있다. 마사지숍, 네일숍, 왁싱숍 등 각종 뷰티 서비스도 제공한다. 컨시어지 데스크에 문의하면 울란바토르로 가는 교통편이나 테렐지 지역의 승마, 골프, 낚시 투어 예약도 가능하다. 호텔 내에서 세 개 레스토랑을 운영하는데, 호텔에 묵지 않더라도 고급스러운 분위기에서 식사하며 기분을 내보는 것도 좋다. 특히 리버뷰 레스토랑에서는 시원하게 트인 창밖으로 아름다운 경치를 감상하며 식사를 할 수 있다.

₮ 비수기 $269~, 성수기 $313~ ✕ 식사류 30,000₮~, 주류 10,000₮대~ ♁ 테렐지 마을 입구에서 차로 27분(25km) ☎ +976-9999-2233 ◉ 47.988294, 107.462466

부가트 리조트 Bugat Resort

톨강을 건너 테렐지의 깊은 숲속 오프로드로 한참을 달리다 보면 나타나는 한적한 자연 속 그림 같은 캠프다. 테렐지 초입부의 단체 관광객이 북적이는 게르 캠프를 벗어나 한적한 자연을 즐기고 싶다면 이곳을 추천한다. 객실은 현대식 게르와 통나무집 형태의 에코하우스가 있으며, 레스토랑과 카페, 노래방 시설, 야외 바비큐 공간 등이 마련되어 편안하게 머무를 수 있다. 강변 인근의 선베드에서 휴식을 취하거나 자연 속 하이킹이나 승마를 즐기기에 좋은 위치다. 자전거나 캠핑용 테이블, 낚시 장비나 간단한 스포츠용품도 추가로 빌릴 수 있다.

₮ 성수기 $150~, 비수기 $100~ ✕ 식사류 30,000₮~, 주류 15,000₮~ ♁ 테렐지 호텔 앞에서 차로 1시간(오프로드 10km) ☎ +976-7707-7555 ◉ 48.054697, 107.407615

>
> **TIP**
> 테렐지 마을 앞에서 셔틀버스를 타고 들어갈 수 있는데 성수기에는 예약이 빠르게 마감되고, 계절이나 날씨, 강 수위 등 현지 상황에 따라 운영 제한이 있을 수 있으므로 꼭 숙소에 미리 확인하자.

레드록 리조트 Red Rock Resort

테렐지 국립공원에서 현대식 편의시설을 가장 잘 갖춘 리조트. 야외 축구장 및 테니스장을 보유하고 있고, 노래방과 마사지숍, 피트니스 시설도 있다. 리조트 본관에는 고급 레스토랑 아나르(Anar)와 칵테일 바 및 와인 라운지가 있으며, 게르 캠프의 간이식당에서 식사를 할 수도 있다. 바비큐 케이터링 서비스도 신청할 수 있다.

₮ 2인실 스탠다드 룸 300,000₮~, 4인실 게르 350,000₮~
✕ 메인메뉴 20,000~30,000₮대 ✗ 테렐지 마을 입구에서 차로 10분(8km)
📞 +976-7700-0111 🏠 redrockresort.mn 📍 47.850690, 107.404379

아얀친 포시즌 롯지 Ayanchin Four Seasons Lodge

70개가 넘는 객실을 보유한 대형 리조트. 몽골어로 여행자를 뜻하는 '아얀친'이라는 리조트 이름과 같이 여행자 편의에 초점을 맞춘 노력이 곳곳에 보인다. 단독 통나무집 객실부터 럭셔리 호텔까지 종류가 무척 다양하다. 여행자 게르는 몽골에서 흔히 볼 수 있는 일반 게르부터 침대와 욕실이 딸려 있는 초호화 게르까지 선택의 폭이 넓다. 벽난로가 포근하게 감싸주는 아늑한 레스토랑에서 전통 몽골 요리와 양식, 러시아 요리를 맛볼 수 있다.

₮ 캐빈 하우스(2인) $74~, 몽골 게르(4인) $88~
✕ 메인메뉴 20,000~30,000₮대
✗ 테렐지 마을 입구에서 차로 13분(10km)
📞 +976-9909-4539
📍 47.860106, 107.401110

테렐지 마운틴 롯지 Terelj Mountain Lodge

테렐지의 장엄한 절벽 아래 위치한 그림 같은 산장. 2017년 7월에 문을 연 신식 리조트다. 모든 건물은 천연 나무와 석재를 사용해 친환경 숙소를 표방하며, 자연을 느끼며 휴식을 취하기 좋다. 미니 영화관, 노래방, 당구장, 탁구장, 미니 도서관, 어린이 놀이터를 갖추고 있어 즐길 거리도 다양하다. 리조트에서 가장 높은 언덕에 있는 3층 규모의 고급 레스토랑에서 내려다보는 테렐지 캠프의 경치는 감탄이 절로 나온다. 몽골 요리뿐 아니라 유럽 및 아시아 요리까지 메뉴도 다양해 입맛대로 골라먹을 수 있고 가격도 합리적이다.

₮ 복층 스탠다드 룸(2인) $97~, 훈누 게르(4인) $113~ ✕ 메인 메뉴 20,000~30,000₮대
🚶 테렐지 마을 입구에서 차로 15분(12km)
📞 +976-8090-5588
◎ 47.872142, 107.424230

미라지 투어리스트 캠프 Mirage Tourist Camp

한국인이 운영하는 테렐지 국립공원 대표 게르 캠프. 전체 객실이 내부에 욕실이 포함된 현대식 게르로 구성되어 있다. 내부에는 자체 공연장이 있어 스토리가 있는 마두금 민속공연을 관람할 수 있고, 몽골 전통 의상 델 체험, 마유주 등 전통 음식 체험, 별자리 해설 등 다양한 프로그램을 체험할 수 있다. 겨울에는 영하 30도 내외의 고산지대 타이가 지역의 소수민족 차탕족의 순록을 만나볼 수 있다.

₮ 1인 성수기 $50~, 비수기 $30~ (패키지 가격에 포함) ✕ 식사류 30,000₮~, 주류 15,000₮~
🚶 테렐지 마을 입구에서 차로 17분(15km) 📞 +976-9910-8637 ◎ 47.894702, 107.425642

글로리 리조트 Glory Resort Mongolia

테렐지의 자연을 즐기면서도 깨끗한 객실, 세련된 레스토랑, 뛰어난 부대 시설 등을 통해 편안한 휴식을 제공하는 최신 고급 리조트다. '럭셔리 에코 투어리즘'을 표방해 현대적 편의와 전통문화가 공존하는 것이 특징으로, 리조트 내부에는 호텔식 객실, 외부에는 게르가 마련되어 있다. 곳곳에 칭기즈 칸 시대의 전통 문양이나 유목 문화와 관련된 예술 작품이 배치되어 시선을 끈다. 레스토랑에서는 허르헉, 호쇼르, 보쯔 등 몽골 전통 요리는 물론 퓨전 요리도 제공하며, 리조트 및 외부 연계 프로그램으로 현지 유목민 생활 체험, 몽골 전통 음식 만들기, 마두금 공연 관람 등을 신청할 수 있다.

♉ 성수기 $150~, 비수기 $80~ ✖ 식사류 30,000₮~, 주류 20,000₮~ ✖ 테렐지 마을 입구에서 차로 5분(4km) 📞 +976-7070-2222 🌐 47.822576, 107.365347

에스 슈퍼마켓 S Supermarket

테렐지 마을 입구에 들어서면 가장 먼저 만나는 작은 슈퍼마켓. 톨강 위 테렐지 다리를 지나면 오른쪽으로 보인다. 대개 투어를 출발하기 전 울란바토르에 있는 대형 슈퍼마켓에서 장을 보고 오지만, 만약 빠뜨린 게 있다면 이곳에서 기본 물품을 구매할 수 있다. 간단한 요기도 가능하다.

✖ 테렐지 마을 입구에서 도보로 15분 🕐 09:00~22:00
🌐 47.817538, 107.329135

칭기즈칸이 살던 시대로 떠나는 시간 여행
13세기 마을 테마 공원

1 중계소 캠프 Relay Station Camp

마을에 들어서면 가장 먼저 만나는 캠프. 이곳의 중앙 게르에서 입장권을 판매한다. 가격은 한화 기준 약 3만 원. 당시 몽골제국의 군사들이 입었던 갑옷, 델, 칼, 방패 등을 직접 착용해볼 수 있다. 각 캠프에서는 담당자가 입장권을 확인하고 캠프를 떠날 때 다음 캠프로 안내한다.

📍 47.582439, 107.784061

2 주술사의 캠프 Shaman's Camp

캠프 중심에는 형형색색의 천(하닥)이 묶인 울타리가 있고 중앙에는 나무 아래 모닥불을 피우는 공간이 있다. 과거 몽골 전역의 주술사들은 모닥불 앞에서 주술 의식을 수행하고 자연과 신들을 숭배했다. 캠프 주변에 있는 각 게르에서는 지역 고유의 특색이 살아 있는 주술용품을 전시한다.

📍 47.5780741, 107.8010089

3 목축가의 캠프 Herder's Camp

유목민의 일상생활과 목축 문화를 직접 경험해보자. 몽골 체스와 샤가이 등 전통 놀이 체험은 물론, 말 잡기와 말 타기, 야크 및 낙타를 다루는 방법도 배울 수 있다. 가축 사육과 유제품 생산 방법을 살펴보며 유목민이 직접 만든 유제품도 맛보자.

📍 47.5851535, 107.8149071

울란바토르에서 동쪽으로 100킬로미터 떨어진 초원에는 작은 고대 왕국이 자리한다.
칭기즈칸이 살던 13세기 몽골 마을을 재현해 당시 생활 양식과 문화를 경험할 수 있는 복합 테마 단지다.
모두 여섯 개의 캠프와 부족으로 구성되어 있고 캠프마다 색다른 체험 요소로 가득하다.
각 캠프 간 이동시간은 차로 10분이다. 게르 캠프도 체험할 수 있으므로 현지 여행사에 문의해보자.

4 교육 캠프 Educational Camp

여행자가 본인의 이름을 영어로 쓴 종이를 담당자에게 건네면, 칭기즈칸 시대에 사용하던 몽골 전통 문자로 이름을 적어 세상에 하나밖에 없는 기념품을 안겨준다. 과거 몽골에서 실제로 진행했던 문명 퇴치의 문화와 교육 방식들을 살펴본다.

Ⓖ 47.5845004, 107.8038181

5 공예가의 캠프 Craftsman's Camp

공예가의 캠프에는 수공예 장인들이 직접 만든 장신구를 비롯해 예술품이 가득하다. 말안장 같은 승마용품부터 검과 방패, 투구 등 군용품도 볼 수 있다.

Ⓖ 47.5844708, 107.7907987

6 왕의 궁전 King's Palace

오색 빛깔 방석에 앉아 전통 음식을 먹으며 몽골의 마두금 공연을 감상해보자. 몽골제국의 지배층이 입던 전통 의상을 착용하고 기념사진도 촬영할 수 있다.

Ⓖ 47.5944451, 107.7726569

CHAPTER
03

몽골 여행의
하이라이트
몽골 남부
(고비 사막)

#사막여행 #낙타 #모래썰매
#몽골그랜드캐니언

여행자들이 몽골을 찾는 이유는 세계 3대 사
막 중 하나인 고비 사막이라 말해도 과언이
아니다. 아시아의 그랜드 캐니언이라 불리는
차강 소브라가, 공룡 화석으로 유명한 붉은
사암지역 바양작, 그리고 한여름에도 시원한
기운을 뿜어내는 얼음 계곡 욜링암까지, 사
막을 찾아 나서는 여정은 지루할 틈이 없다.
특히 300미터 높이의 모래언덕에서 바라보
는 황금빛 노을은 장관을 이룬다. 사막의 신
비로운 노래 소리를 벗삼아 모래 썰매도 함
께 즐겨보자.

몽골 남부
상세 지도

04 옹기 사원

어르헝거이
울란바토르

둔드고비
옴노고비

어르헝거이
옴노고비

07 바양작

12 유목민 낙타 마을
11 고비 사막(홍고린 엘스)

08 달란자드가드

10 욜링암

N
W   E
S

0   10Km

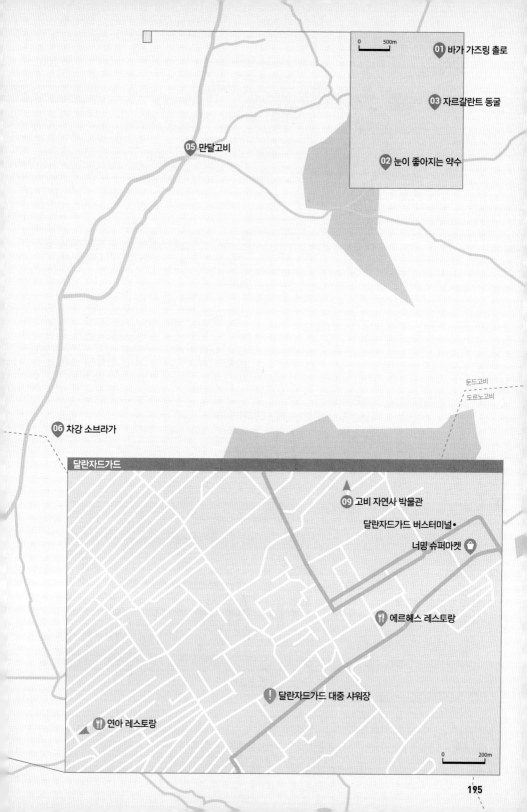

01 바가 가즈링 촐로

03 자르갈란트 동굴

02 눈이 좋아지는 약수

05 만달고비

둔드고비
도르노고비

06 차강 소브라가

달란자드가드

09 고비 자연사 박물관

달란자드가드 버스터미널•

너밍 슈퍼마켓

에르헤스 레스토랑

달란자드가드 대중 샤워장

연아 레스토랑

0   500m

0   200m

대중교통을 이용해
가는 방법

울란바토르에서 대중교통으로 몽골 남부의 고비 사막까지 가려면 버스나 항공편을 이용하여 남고비의 주도인 달란자드 가드까지 가야 한다. 달란자드가드에 위치한 주요 게스트하우스 및 여행사에 문의하면 고비 사막(홍고린 엘스) 등 주요 관광지까지 이동할 수 있는 차량 편을 마련해주기도 한다.

1 버스 (울란바토르 — 달란자드가드)

울란바토르에서 대중교통으로 달란자드가드까지 이동하려면 드래곤 버스터미널 P.105에서 달란자드가드 터미널까지 이동해야 한다. 버스편은 주 5회, 오전 9시에 출발하며 소요시간은 약 10시간 내외(휴식 시간 포함)다. 요금은 인당 44,700투그릭. 정확한 출발 시간은 변동될 수 있으므로, 현지에 도착하여 꼭 확인하자.

달란자드가드 버스터미널 Dalanzadgad bus station
Даланзадгад автобус буудал
43.591697, 104.404694

2 항공편 (울란바토르 — 달란자드가드)

칭기즈칸 국제공항 P.104에서 달란자드가드 공항(DLZ)까지 국내선을 이용할 수 있다. 몽골 항공(MIAT)이나 아에로 몽골리아(Aero Mongolia)에서 성수기(6월~9월) 기준 주 2회 운항한다. 비행 시간은 약 1시간이며, 요금은 편도 15만 투그릭이다. 다만 비행 편수가 많지 않고, 여행 수요가 급증하는 여름 성수기에는 좌석이 빠르게 매진될 수 있으므로 사전 예약이 필수다.

달란자드가드 공항 Dalanzadgad Airport Даланзадгад нисэх буудал 43.606432, 104.370410

3 달란자드가드 — 주요 관광지 이동

달란자드가드에 위치한 주요 게스트하우스는 숙박 이외에도 투어 프로그램을 자체 운영하고 있는 경우가 대부분이다. 구글 지도에 표기되어 있는 주요 게스트하우스의 연락처, SNS 계정 등을 통해 미리 연락하거나, 현지에서 문의하면 스케줄에 알맞는 현지인 가이드와 운전기사를 구해주고, 함께 고비 사막 주변의 관광지로 여행할 수 있다.

몽골 남부 사막지대 일주
고비 사막 1주 추천 코스

황금빛 고비 사막을 온몸으로 느끼기 위한 깔끔한 일주일 코스

─ 고비 사막 1주 코스 일정 ─

DAY 1
울란바토르 ▷▶▷ 차강 소브라가
5시간(300km)
👍 트레킹

DAY 2
차강 소브라가 ▷▶▷ 욜링암
4시간(200km)
👍 승마, 트레킹

DAY 3
욜링암 ▷▶▷ 고비 사막
5시간(150km)
👍 모래 썰매, 낙타 타기

DAY 4
고비 사막 ▷▶▷ 바양작
6시간(300km)
👍 트레킹

DAY 5
바양작 ▷▶▷ 옹기 사원
5시간(200km)
👍 트레킹

DAY 6
옹기 사원 ▷▶▷ 바가 가즈링 촐로
7시간(320km)
👍 눈이 좋아지는 약수, 자르갈란트 동굴, 트레킹

DAY 7
바가 가즈링 촐로 ▷▶▷ 테렐지 국립공원
5시간(300km)
👍 승마, 트레킹

바가 가즈링 촐로 Baga Gazriin Chuluu Бага газрын чулуу

사방이 바위로 둘러싸인 지역으로, 이곳까지 도달하는 길목에도 돌이 많이 깔려 있어서 가는 길이 순탄치 않다. 화강암으로 이루어진 돌산은 가장 높은 곳이 해발 1,768미터에 달한다. 하지만, 몽골이 평균 해발 고도가 1,580미터에 이르는 고원 지대인 탓에 나지막한 언덕처럼 보인다. 돌산 입구에 남아 있는 바위벽들은 이곳에 불교 사원이 자리했던 과거를 말해준다. 1930년대 공산주의 정권이 종교를 박해하자 몽골 불교의 최고 지도자 자나바자르가 이곳에 숨었고, 이후 그의 제자들이 사원을 짓고 제사를 올렸다. 현지인들은 온갖 탄압에도 몽골 불교를 지켜온 이곳을 신성시한다.

🚶 울란바토르에서 차로 약 5시간(300km)
📍 46.218010, 106.028595

눈이 좋아지는 약수　Eye Spring　Нүдний рашаан

바가 가즈링 촐로 입구에서 서쪽으로 1킬로미터 떨어진 곳으로, 언덕 중턱 바위 틈 사이에 샘이 있다. 폭이 손가락 길이 정도 되는 좁은 구멍은 누가 고의로 뚫어놓은 것처럼 약 50센티미터 깊이로 뚫려 있고 그 아래로 약수가 흐른다. 현지인들은 오래전부터 미네랄이 풍부한 이 약수로 눈을 씻으면 시력이 좋아진다고 믿었다. 작은 구리 숟가락으로 약수를 떠서 눈에 살짝 발라보자. 약수를 사용하고 나서 입구는 돌 뚜껑으로 꼭 막아둬야 한다.

🚶 바가 가즈링 촐로에서 차로 5분(약 2km)
📍 46.204320, 106.018983

자르갈란트 동굴　Jargalant Cave　Жаргалантын агуй

바가 가즈링 촐로 북동쪽 중앙의 작은 언덕에는 입구 지름이 2미터 정도 되는 동굴이 하나 있다. 동굴은 18미터나 깊이 뻗어 있지만, 인근에서 기르던 가축이 동굴로 들어가 나오지 못하는 걸 방지하기 위해 약 3미터의 좁은 영역까지만 접근할 수 있게 닫아두었다고 한다. 과거 불교가 탄압받던 시절 승려들이 숨어 지냈던 곳이라고도 전해진다. 봄과 여름이 되면 동굴 주변에는 야생화가 만발해 장관을 이룬다.

🚶 바가 가즈링 촐로에서 도보 15분 소요(약 1km)
📍 46.211745, 106.028051

옹기 사원　Ongi Monastery　Онгийн хийд

1660년에 지어진 사원으로 당시 몽골에서 가장 큰 수도원 중 하나였다. 옹기 강의 남북 제방에는 과거 두 개의 사원 단지가 있었다. 전성기에는 이곳에 서른 개 이상의 사원과 네 개의 큰 불교 대학이 있었고, 천여 명의 승려가 머물렀다. 두 개의 사원 단지는 종교 박해를 받아 1939년에 완전히 파괴되었으며, 200명 이상의 승려가 목숨을 잃었다. 살아남은 승려들은 공산당에 징집당했다. 현재 전각 하나를 완전히 재건했고, 주변에 작은 게르를 만들어 박물관으로 쓰고 있다.

🚶 울란바토르에서 차로 약 8시간(420km)
📍 45.403378, 103.949192

05 고비 사막 여행자들의 만남의 장소

만달고비 Mandalgovi Мандалговь

울란바토르를 출발해 고비 사막으로 가는 길에서 가장 먼저 만나게 되는 도시. 수도 울란바토르에서 남쪽으로 약 300킬로미터 정도 떨어져 있으며 고비 사막과의 경계 지점에 자리한다. 인구 1만 명 정도의 소도시라 기본적인 편의시설만 있지만, 고비 사막 지역에서는 편의시설을 접하기 어려우므로, 이곳에서 요기하고 장을 보면서 비워진 푸르공 곳간을 채워야 한다.

🚶 울란바토르에서 차로 약 4시간(300km) 🎯 45.761908, 106.266160

활기찬 플라자 Tsoglog plaza Цоглог плаза

1층 슈퍼마켓에서 각종 식료품을 구매할 수 있고, 2층에서는 얼음 동동 띄운 아메리카노를 판매한다.

🎯 45.764067, 106.272282

차강 소브라가 Tsagaan suvraga Цагаан суврага

아시아의 그랜드 캐니언이라고 불리는 이곳은 몽골어로 '하얀 불탑'이라는 뜻을 지닌다. 과거에는 바다였으나 지질 활동으로 융기한 고생대 퇴적층이다. 지층은 석회암으로 이루어져 있으며 수백만 년에 걸쳐 바람에 침식되어 지금의 모습으로 만들어졌다. 평균 높이 40미터, 가장 높은 지점은 60미터 이상에 이른다. 전체 길이는 400미터에 가깝다. 폭풍이 있을 때 동물들이 낙사하는 경우가 많고, 비가 많이 내린 다음에는 급류가 폭포처럼 흐르니 조심해야 한다. 바람이 거세고 낮 기온이 30도에 달하는 여름에도 밤에는 기온이 3~4도까지 내려갈 만큼 일교차가 크다. 서로를 의지하여 절벽 사이로 난 길을 따라 내려가면 더욱 가까이에서 진풍경을 감상할 수 있다.

🚶 울란바토르에서 차로 약 7시간(550km, 포장도로 500km+비포장도로 50km) 🧭 44.598764, 105.750681

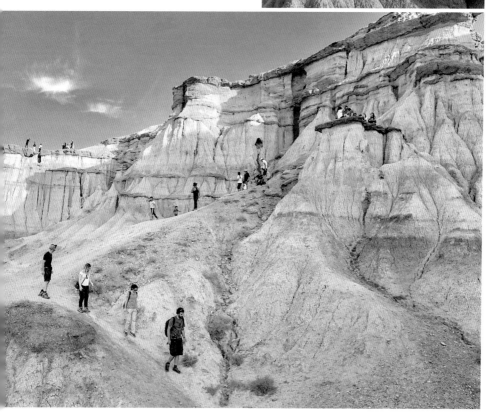

바양작 Bayanzag Баянзаг

일몰 때 방문하면 모래가 붉은 빛을 뿜어낸다. 수천 년 동안 바람과 비로 인해 형성된 붉은 사암 지역이다. 바양작은 몽골어로 많다는 뜻의 '바양'과 가시가 많은 삭사울 나무를 뜻하는 '작'이 합쳐진 지명으로, 삭사울 나무가 많은 지역이라고 해 지어진 이름이다. 바양작의 길이는 약 8킬로미터에 달한다. 1922년에 미국 탐험가 앤드루스가 이곳에서 공룡알 화석을 세계에서 처음으로 발견하기도 했다. 해외에서는 바닥이 붉다 하여 '불타는 절벽'으로 더욱 유명하다. 오랜 시간 바람이 깎아 만든 낙타 모양의 바위가 이곳의 명물이다.

🚶 울란바토르에서 차로 약 10시간(700km)
◎ 44.138337, 103.728134, 낙타바위 44.143093, 103.722105

바양작 기념품점

바양작 입구에 위치한 플리 마켓. 유목민이 직접 만든 다양한 수제 낙타 인형을 찾아볼 수 있다. 인형 이외에도 판매하는 기념품 종류가 다양하고 품질도 좋다.

◎ 44.136823, 103.728741

달란자드가드 **Dalanzadgad** Даланзадгад

고비 사막이 속한 남고비 주 전체 인구 중 약 절반이 이곳에 거주한다. 고비 사막에 도달하기 전에 지나는 마지막 도시이기 때문에 여행자들이 주유를 하고 정비하기 위해 방문하는 곳이다. 고비 사막 주변에서 인터넷이 가장 잘 터지는 곳이기도 하다.

🚶 울란바토르에서 차로 약 8시간(600km) 📍 43.571776, 104.426889

고비 자연사 박물관 **The Gobi Museum of Nature and History** Говийн байгаль түүхийн музей

남고비 주의 주도인 달란자드가드에 위치한 최신식 박물관이다. 1948년에 설립된 역사 박물관을 대규모 리노베이션 하여 2022년에 새로 개관했다. 몽골 남부에서 유일하게 에어컨과 엘리베이터가 설치된 신식 시설로, 총 4층으로 이루어져 있다. 고비 지역에서 발굴한 고대 유물부터 공룡 화석과 동식물, 지역 종교와 문화 등 다채로운 주제의 전시물을 4,000여 개 이상 보유하고 있다. 고비 지역 출신의 유명한 예술가의 예술 작품들도 만나볼 수 있다.

💲 성인 20,000₮, 어린이 10,000₮, 사진촬영 5,000₮ 🕐 하절기 매일 09:00~18:00 동절기 화~일 09:00~17:30, 월 휴무 🏠 museum.om.gov.mn 📍 43.583780, 104.426852

남부 여행자의 만남의 장소
너밍 슈퍼마켓 Nomin Supermarket

남고비주에서 가장 규모가 큰 슈퍼마켓으로, 고비 사막 여행을 앞둔 여행자라면 꼭 방문하게 되는 곳이다. 물이 부족한 고비 사막에서 얻기 어려운 생수와 간식들, 여행에 필요한 용품들을 넉넉히 구매해 만반의 준비를 하자.

🚶 고비 자연사 박물관에서 도보 24분 소요(1.7km)
📍 43.576968, 104.435065

사막 여행 중 만나게 되는 오아시스
달란자드가드 대중 샤워장 Халуун ус

고비 사막 주변에는 물이 매우 부족하므로 샤워시설을 제대로 갖추지 못한 캠프도 많다. 다행히 남고비 주의 주도인 달란자드가드의 중심부에서 대중 샤워시설을 이용할 수 있다. 가격은 우리 돈으로 2,000원(5,000₮)이면 개운하게 샤워할 수 있다.

🚶 너밍 슈퍼마켓에서 도보 20분 소요(1.5km)
📍 43.568494, 104.4228773

다양한 메뉴가 있는 레스토랑
에르헤스 레스토랑 Эрхэс ресторан

호텔과 함께 운영되는 레스토랑. 몽골 음식뿐 아니라 샐러드, 피자 등 다양한 종류의 음식을 제공한다. 고비 사막 지역의 유목민이 직접 만든 전통 음식 '짐비'는 이곳에서만 맛볼 수 있는 별미다. 대형 쇼핑센터 건너편에 위치해 찾기 쉽다.

🚶 너밍 슈퍼마켓에서 도보 11분 소요(750m)
📍 43.572205, 104.430017

한국의 맛이 그리울 때는 이곳
연아 레스토랑 YUNA restaurant

여행 기간 중 한식이 그리울 때쯤 방문하면 만족할 만한 고급 레스토랑. 몽골에서 유명한 한식 체인으로, 전체 메뉴가 기본 이상은 한다. 김밥과 떡볶이 등 분식류부터 소불고기, 닭갈비, 감자탕까지 다양한 메뉴를 한상차림으로 만날 수 있다.

🚶 너밍 슈퍼마켓에서 차량으로 8분 소요(3.6km)
📍 43.563186, 104.402985

욜링암 Yolin am Ёлын ам

몽골어로 '독수리의 계곡'을 의미하는 자연보호구역. 해발
2,800미터 높이의 '얼음 계곡'으로 유명하다. 깊고 좁은 협곡과
높이가 200미터에 달하는 절벽으로 이루어져 있어 그늘진 곳
은 여름에도 한기가 느껴질 정도로 서늘하다. 과거 공산주의 시
대에는 소련군이 이곳을 도축장과 냉장고로 이용해 고기를 보
관했을 정도로 1년 내내 얼음으로 덮여 있었으나, 최근에는 지
구 온난화 영향으로 한여름에는 얼음을 볼 수 없다. 욜링암의
입구는 비교적 넓어 말을 타고 얼음폭포 근처까지 갈 수 있다.
얼음폭포부터 서서히 협곡이 좁아진다. 얼음폭포가 거대한 협
곡과 어우러진 모습은 가히 절경이다.

💰 성인 16,000₮ 🚶 울란바토르에서 차로 약 9시간(650km)
📍 입구 43.489517, 104.063267 얼음 계곡 43.496313, 104.088033

욜링암 기념품점

욜링암 입구 승마장 앞에 위치한 기념품점. 현지인이 자리에
서 직접 엮어 만들어주는 수제 팔찌에는 원하는 이니셜도 새
길 수 있다.

📍 43.4895448, 104.0631866

고비 사막(홍고린 엘스) Gobi Desert (Khongorin Els) Говь (Хонгорын Элс)

고비 사막은 높이 300미터, 길이 약 180킬로미터에 이르는 거대한 모래언덕으로, 사하라, 아타카마와 함께 세계 3대 사막으로 꼽힌다. 모래가 바람에 쓸려 소리를 낸다고 하여 '노래하는 모래언덕'이라고도 불리는데, 정상에 가까워질수록 경사가 더욱 가팔라져 사막의 노래 소리는 언덕을 오르는 사람들의 곡소리에 묻힌다. 발이 푹푹 빠지는 모래 위를 양팔과 다리를 이용해 겨우 기어 올라가 정상을 밟으면, 지나온 고통을 모두 잊게 하는 장관이 펼쳐진다. 일몰과 일출 시간대에 방문하면 가장 아름다운 사막의 모습을 볼 수 있다. 또, 오랜 시간 인내를 딛고 오른 사막에서 즐기는 스릴 만점 모래 썰매의 추억은 평생 잊지 못할 것이다.

🚶 달란자드가드에서 차로 약 3시간(200km)
🌐 43.733771, 102.333333

12 쌍봉낙타 위에서 즐기는 황금빛 사막

유목민 낙타 마을 Camel village Тэмээний тосгон

고비 사막 근처에 수십 마리의 낙타를 키우는 작은 유목민 마을이 있다. 유목민에게 부탁해 고비 사막 입구까지 약 30분~1시간 정도 낙타를 타고 이동할 수 있다. 요금은 1인당 2만 투그 릭이며, 인솔 가이드 비용으로 팀당 3만 투그릭을 추가로 받는다. 몽골 고비 사막에서만 서식 하는 쌍봉낙타 위에 몸을 맡기고 거대한 황금빛 고비 사막을 감상해보자.

₮ 1인 20,000₮, 가이드 추가 비용 30,000₮ 43.791721, 102.256027

스릴 만점 고비 사막 액티비티
낙타 체험 & 모래 썰매

낙타 체험과 모래 썰매는 고비 사막에서 빼놓을 수 없는 액티비티다.
사막 액티비티를 더욱 안전하게 즐길 수 있는 팁들을 소개한다.

낙타 체험 TIP

· **추천 복장** 고비 사막 지역은 햇볕이 매우 강하므로 긴팔 긴바지를 입는 것을 추천한다. 얼굴을 보호할 수 있는 챙이 넓은 모자도 준비하면 좋다. 비온 뒤에는 낙타의 안장이 젖어 축축할 수 있고, 간혹 앞에 걷는 낙타의 배설물이 옷에 튈 수 있으므로 버릴 수 있는 옷을 입고 체험하는 것이 좋다.

· **낙타 타는 방법** 낙타가 다리를 굽히고 앉아 있을 때 조련사의 도움을 받아 반드시 왼쪽에서 살며시 탑승해야 한다.

· **균형 잡는 방법** 낙타가 일어설 때 중심을 잘 못 잡으면 바닥으로 떨어질 수 있다. 앞쪽 혹을 감싸 안고 균형을 잡자.

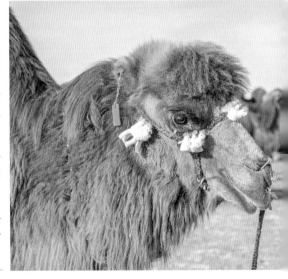

모래 썰매 체험 TIP

· **사막 오르는 방법** 모래 언덕으로 오르는 리프트가 없으므로 200미터 정도를 직접 걸어 오르는데, 경사가 60도에 이르는 탓에 정상에 가까워지면 엎드려서 기어 올라가야 한다. 소요 시간은 1시간 30분 내외. 햇볕이 강렬한 여름철에는 해가 지기 시작하는 오후 4시쯤 사막에 오를 것을 추천한다.

· **준비물** 모래 언덕에 올라갈 때 목이 많이 마르기도 하고, 입속에 모래가 들어갔을 때 헹구어 내는 용도로 사용할 수 있으니 물을 꼭 챙겨야 한다. 또 바람에 날리는 모래가 눈, 코, 입에 들어가는 것을 방지하기 위해 고글이나 입마개가 달린 등산 모자를 준비하면 유용하다.

· **추천 복장** 옷은 긴팔과 긴바지를 입는 것을 추천하며 모래에 발이 푹푹 빠지기 때문에 신발을 신는 것보다는 맨발로 오르는 것이 좋다.

· **안전하게 타는 방법** 허리를 완전히 뒤로 젖혀 누운 자세로 썰매를 타면 가속도가 붙으면서 척추로 충격이 전해질 수 있으니, 허리를 뒤쪽으로 살짝 젖힌 상태에서 양쪽 발을 모래에 대고 타야 한다. 이 자세를 하면 사막을 내려갈 때 속도를 조절하고 균형을 잡기 편하다.

CHAPTER 04

몽골의 푸른 보석
몽골 중부·북부
(홉스골)

#호수여행 #승마 #액티비티
#몽골의스위스 #휴화산

몽골인들이 바다라고 부를 정도로 매우 깊고 넓은 담수호. 여름이면 바닥까지 들여다보이는 투명한 호수에서 스쿠버 다이빙을 즐기거나 호숫가에서 승마를 하고, 겨울이면 얼어붙은 호수 위에서 개썰매를 타며 설경을 감상하기 위해 세계인들이 이곳을 찾는다. 고산지대에서 순록과 함께 살아가는 소수 민족 차탕족이 거주하는 곳이기도 하다. 홉스골로 가는 길은 몽골제국의 수도였던 카라코룸과 은하수 아래에서 즐길 수 있는 쳉헤르 온천까지 볼거리와 즐길 거리가 가득하다.

몽골 중부·북부
상세 지도

📷 홉스골 호수

므릉 **14**

신이데르
마을 **13**

테르힝 차강 호수 **12** **11** 호르고 화산
10 촐로트 협곡

체체를렉 **06**

타미르강 **07**

쳉헤르 온천 **08**

대중교통을 이용해
가는 방법

몽골 북부를 찾는 대부분의 여행자에게는 대표 관광지인 홉
스골이 최종 목적지가 된다. 울란바토르에서 대중교통으로
홉스골 인근의 여행자 캠프까지 가려면 버스나 항공편을 이
용하여 므릉을 거쳐서 하트갈 또는 장하이 마을로 이동하는
방법밖에 없다. 캠프에 따라서 터미널이나 공항에서 숙소까
지 이동할 수 있는 픽업 차량을 예약해주는 곳도 있으니, 숙소
예약 시 미리 문의해보자.

🚌 버스 (울란바토르 ─ 므릉)

대중교통으로 홉스골 인근까지 이동하는 방법으로는 울란바토르의 드래곤
버스터미널 P.105에서 므릉 버스터미널을 거쳐 홉스골 하트갈 마을까지 이동
하는 편이 일반적이다. 하루에 오전 8시부터 오후 9시까지 5회 운행하며 소
요시간은 약 17시간 내외(휴식 시간 포함)다. 요금은 인당 5만 9천투그릭. 정
확한 출발 시간은 변동될 수 있으므로, 현지에 도착하여 꼭 확인하자.

므릉 버스터미널 Murun bus station Мөрөн автобус буудал
📍 49.635662, 100.170737

✈️ 항공편 (울란바토르 ─ 므릉)

칭기즈칸 국제공항 P.104에서 므릉 공항(MXV)까지 국내선을 운항한다. 몽골 항공(MIAT)이나 아에로 몽골리아(Aero
Mongolia)에서 성수기(6월 중순~9월 중순) 기준 주 3회 운항한다. 비행 시간은 약 1시간이며, 요금은 편도 15만 투그
릭이다. 특히 홉스골 여행 수요가 급증하는 여름 성수기에는 좌석이 빠르게 매진될 수 있으므로 사전 예약이 필수다.

므릉 공항 Murun Airport Мөрөн Нисэх Буудал 📍 49.664298, 100.095937

🚕 개인택시 (므릉 ─ 하트갈 마을)

버스터미널이나 공항에 내리면 개인차량으로 사설 영업을 하는 운전기사들이 여행자들에게 접근하는데, 이들과 흥
정하여 숙소 앞까지 이동할 수 있다. 므릉에서 하트갈 마을 입구까지는 약 100km, 더 깊숙한 쪽에 위치한 장하이 마
을까지는 여기에서 약 30km 더 가야한다. 택시 요금은 차량 당 15~20만 투그릭 정도로 흥정 가능하다.

액티비티와 함께하는 힐링 여행
홉스골 10일 추천 코스

은하수 아래에서 즐기는 뜨끈한 온천 체험은 물론 다양한 액티비티를 즐기는 다채로운 열흘 코스

— 홉스골 10일 코스 일정 —

DAY 1
울란바토르 ▷▶▷ 엘승 타사르해
5시간(300km)
👍 모래 썰매, 낙타 타기

DAY 2
엘승 타사르해 ▷▶▷ 카라코룸
1시간(80km)
👍 에르덴 조 사원, 카라코룸 박물관

DAY 3
카라코룸 ▷▶▷ 어르헝 폭포
3시간(120km)
👍 승마, 산책

DAY 4
어르헝 폭포 ▷▶▷ 쳉헤르 온천
5시간(200km)
👍 온천

DAY 5
쳉헤르 온천 ▷▶▷ 테르힝 차강 호수
4시간(200km)
👍 촐로트 협곡, 호르고 화산 트레킹, 핑크빛 노을

DAY 6·7
테르힝 차강 호수 ▷▶▷ 홉스골
7시간 30분(400km)
👍 승마, ATV, 자전거, 모터보트로 소원의 섬, 초초산 트레킹, 차탕족 미니 순록 마을

DAY 8
홉스골 ▷▶▷ 오랑 터거 화산
6시간(400km)
👍 오랑 터거 국립공원 트래킹

DAY 9
오랑 터거 화산 ▷▶▷ 에르데넷
2시간(130km)
👍 아마르바야스갈란트 사원

DAY 10
에르데넷 ▷▶▷ 울란바토르
6시간(330km)
👍 쇼핑 및 휴식

엘승 타사르해 **Elsen Tasarkhai** Элсэн тасархайг

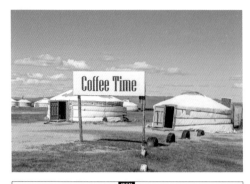

몽골의 녹색 대초원 한가운데 위치한 총 길이 80킬로미터 반사막 지대로, 몽골어로 '모래의 끊어진 부분'을 의미한다. 울란바토르에서 남서쪽으로 300킬로미터를 달리다 보면 푸른 초원 위 양 떼와 말들이 사라지고 어느 순간부터 얕은 모래 언덕이 펼쳐진다. 모래의 가장자리로 드문드문 희귀식물들이 피어나는, 독특하지만 조화로운 이색 풍경이다. 울란바토르에서 비교적 가깝고 도로가 잘 갖춰져 있어서 몽골의 다른 지역 투어 프로그램 초반에 많이들 거쳐간다. 여행기간이 짧아 고비 사막까지 가기 어려운 여행자들이 하루나 이틀 정도 단기 투어 프로그램을 신청해 방문하기도 한다. 모래언덕이 비교적 낮아서 모래 썰매를 가볍게 즐길 수 있고, 유목민 낙타 체험도 할 수 있다.

🧍 울란바토르에서 차로 약 5시간(300km) 📍 47.331467, 103.689506 낙타체험 장소 47.331055, 103.690629

TIP

몽골 현지 고속도로 휴게소

몽골 고속도로에도 우리나라 고속도로 휴게소와 같은 휴게소가 있다. 신식 시설의 화장실을 이용할 수 있고 호쇼르, 보쯔 등 몽골 음식을 맛볼 수 있어 주행 중 많은 현지인이 이곳에서 휴식을 취한다.
📍 47.365414, 103.814821

남부 고비 여행

02 여행의 피로를 풀어주는 최신식 쉼터

마스 투어리스트 스테이션 MARS Tourist Station

쾌적한 화장실, 다양한 음식이 있는 푸드코트 등 여행자를 위한 최신식 편의시설을 한 데 모은 휴게소다. 아이스 음료를 이용할 수 있는 카페, 대형 편의점 등이 자리하며, 호텔까지 보유하고 있다. 실내의 중앙에는 수태차나 마유주 같은 몽골 전통 음료를 맛볼 수 있는 셀프 코너도 있으니 놓치지 말자.

🚶 울란바토르에서 차로 약 4시간 30분(250km) 🕐 24시간 📍 47.356137, 104.186219

하르허링 Kharkhorin Хархорин

하르허링은 몽골제국 초기 수도 카라코룸(Хархорум)이 있던 도시로, 정치, 경제, 행정 및 종교의 중심지였다. 1220년에 칭기즈칸이 처음 머문 이후 1235년에 2대 황제 오고타이칸이 이곳에 네 개의 문이 있는 벽을 올려 도시를 건설하고 수도로 삼았다. 당시 성 안 네 모퉁이에는 네 개의 거북이 기념비가 있었다. 몽골인은 거북이를 물의 수호신 또는 장수의 상징으로 여기고 이곳에서 수재(水災)로부터 안전과 불로장생을 기원했다. 과거 카라코룸에서는 모든 종교를 포용하여, 불교를 포함해 기독교와 이슬람교 등 다양한 종교 사원이 열두 개에 이르렀다. 이곳에서 언어 및 인종이 서로 다른 종교인들이 활발히 교류했다고 한다. 성 안 네 모퉁이에는 시장이 있어 상거래가 활발하게 이뤄졌는데, 도시 전체가 유네스코 세계문화유산에 등재될 만큼 많이 발굴된 유물들이 이를 증명한다. 1380년에 명나라에 공격당해 도시가 파괴되고 20세기 초 공산주의 정권에 의해 불교가 탄압받고 수많은 승려가 숙청을 당했지만, 곳곳에 남겨진 유물들에서 찬란했던 과거를 엿볼 수 있다. 화려하고 세련된 곳은 아니지만 역사를 느끼고 자연을 감상하기에 최적화된 명소다.

🚶 울란바토르에서 차로 약 6시간(400km)
 47.198652, 102.825808

에르덴 조 사원 Erdene Zuu Monastery Эрдэнэ Зуу хийд

몽골 최초의 불교 사원으로, 몽골어 이름은 '백 가지의 보물'을 뜻한다. 네 개의 대문과 108개의 사리탑으로 둘러싸여 있으며, 몽골 옛 도시 카라코룸 유적에 사용되었던 재료인 파란 벽돌과 타일, 화강암 등을 이용해 지었다. 1688년에 할하 몽골과 오이라트족의 전쟁에 의해 손상되었고, 1930년대 불교 박해에 의해 폐허가 된 뒤 훗날 다시 세워진 사찰이지만 여전히 몽골 불교의 중심이 되고 있다. 1872년까지 62개의 사원과 500개 이상의 건물이 있었고 1,500여 명의 승려가 있었으나, 현재는 수십 명의 승려만이 명맥을 이어갈 뿐이다. 사원은 세 개의 법당으로 이루어져 있고, 각 법당에는 부처의 유년기, 청년기, 장년기 모습으로 만든 불상이 봉안되어 있다. 에르덴 조는 1965년에 주립 역사 종교 박물관이 되었으며, 현재 황동, 나무 조각, 종이, 그림 유물을 포함해 16~19세기에 만들어진 7,500여 점의 전시물을 보유하고 있다. 사원 정문 밖에는 기념품 노점 골목이 있어 몽골만의 특별한 기념품도 구매할 수 있으며 독수리와 함께 기념사진 촬영도 가능하다.

🎫 사원 입장료 10,000₮, 독수리 체험 및 전통의상 체험 5,000₮~
🚶 하르허링에서 차로 5분(2km) 📍47.202034, 102.843060 기념품 노점골목 47.199570, 102.841438

현지인들이 돌리는 통의 정체는?

몽골에서는 티베트 불교 사원에 방문할 때마다 현지인들이 걸으며 통을 돌리는 광경을 목격할 수 있다. 사원 안팎에 줄지어 서 있는 이 통의 정체는 몽골어로 '호르뜨(хурд)'라고 부른다. 몽골인들은 각각의 호르뜨에 불교 경전이 들어있다고 생각하고 한 번 돌릴 때마다 불경을 읽은 것과 같다고 믿으며 소원을 빈다.

카라코룸 박물관 Kharakhorum Museum Хархорум музей

2011년 일본 정부에서 문화 보조금을 지원받아 만들어진 박물관. 13세기 카라코룸 지역을 재현한 모형을 중심으로 각 전시 홀에서 석기 시대, 청동기 시대의 유물과 고대 몽골의 수도 카라코룸의 귀중한 유물을 만날 수 있다. 유물 출토 과정을 살펴볼 수 있는 영상 관람실도 운영한다. 가이드는 무료로 제공되나 영어 해설만 지원한다.

🚶 에르덴 조 사원에서 도보 7분 🎫 성인 10,000₮, 학생 5,000₮, 사진촬영 35,000₮ 🕐 하절기 09:00~18:00, 동절기 10:00~17:00 📍47.195365, 102.839303

체체를렉 Tsetserleg Цэцэрлэг

몽골 아르항가이 주의 주도로 2만여 명이 살고 있는 소도시. 도시 이름은 몽골어로 '정원'을 뜻한다. 쳉헤르 온천을 가기 전에 꼭 지나는 곳으로, 많은 여행자들이 장을 보거나 휴식을 취하기 위해 방문한다. 중앙 시장에는 대형마트와 육류 및 식료품을 판매하는 실내 전통 시장이 있다. 도시 전체 풍경을 한눈에 담고 싶다면 볼강산 경사면 중턱에 자리하고 있는 사원에 올라보자.

🚶 울란바토르에서 차로 약 7시간(500km) 🌐 47.475261, 101.454456
복이 피는 사원 보양 델게루울레흐 히드 Буян дэлгэрүүлэх хийд
🌐 47.483870, 101.449357
하수 중앙 시장 몽골 음식점 니티잉 호달다안니 톱 ХАСУ Нитийн худалдааны төв
🌐 47.473932, 101.456175

07 아름다운 풍경에 담긴 구슬픈 사연

타미르강 Tamir River Тамир гол

체체를렉에서 쳉헤르 온천까지 연결되는 길목에 흐르는 두 물줄기의 강. 매혹적인 경치를 감상하기 위해 잠시 쉬어가는 곳이다. 장마철에는 해수면이 급격히 상승하여 도로가 통제되고 겨울에는 바닥이 완전히 얼어붙는다.

TIP
타미르강에 담긴 전설

거울이 아직 없던 시절, 이 강은 물이 매우 깨끗해, '수정'이라는 이름으로 불렸다. 그 시절 타미르라는 소녀는 이 맑은 강을 거울로 사용했다. 어느 날, 한 부자가 그녀에게 청혼을 했으나 거절당하자, 홧김에 강을 더럽혔다. 타미르는 탁해진 물을 보고 충격을 받아 원인을 찾기 위해 강 속으로 들어갔지만 결국 나오지 못했다. 지역 주민들은 타미르의 넋을 기리며 강 이름을 타미르로 불렀다.

🚶 체체를렉에서 차로 약 20분
🌐 47.435061, 101.484357

08 장거리 여행으로 지친 온몸이 사르르 녹는

쳉헤르 온천 Tsenkher Hot Spring Цэнхэрийн халуун рашаан

아르항가이 지역은 고대 화산이 많기로 유명하다. 화산
으로 인한 지각 활동은 해발 1,800미터 이상의 고도에
서 흐르는 수많은 폭포와 쳉헤르 천연 온천에도 영향
을 끼쳤다. 온천 근원지에서 솟아오르는 온천수는 섭
씨 85~90도에 이르며, 쳉헤르의 각 리조트는 근원지
에서 관을 통해 물을 끌어와 온천을 제공한다. 미네랄
이 풍부한 쳉헤르 온천수는 관절 질환과 신경계 질환
치료에 효과적이라고 알려져 있다. 몽골에서 드문 나무
가 우거진 숲속에 그림 같이 온천이 들어서 있어 주변
경관이 아름다우니, 맥주 한 잔과 함께 은하수를 눈에
담을 수 있는 호사를 누려보자.

🚶 울란바토르에서 차로 약 8시간(500km)
🎯 온천 근원지 47.316816, 101.652517

리조트 & 게르 캠프
쳉헤르의 5대 온천

온천 근원지의 수온은 섭씨 85도 이상으로 매우 높다.
따라서 온천욕은 온천 수영장을 운영하는 각 리조트나 게르 캠프에서 해야 한다.
쳉헤르에서 온천욕을 즐기기 좋은 리조트 및 캠프 다섯 곳을 선정했다.

1 두트 스파 앤 리조트 Duut Spa & Resort Дуут халуун рашаант амлалтын газар

쳉헤르 지역에서 가장 고급스러운 리조트. 전통 게르부터 가족 여행자를 위한 독채 목조 건물까지 총 다섯 종류의 객실이 있다. 리조트 내 레스토랑은 야외 테라스도 갖추고 있으며, 서양 요리와 아시아 요리를 제공한다. 여섯 개의 야외 온천 풀장이 있고 공간이 넉넉해 여유롭게 즐길 수 있다.

📞 +976-9905-2499 🏠 duutresort.com
🌐 47.320040, 101.658973

2 항가이 리조트 Kangai Resort Хангай ресорт амралтын газар

2014년에 개장한 리조트로 특히 한국인 여행자들에게 유명하다. 건물이 높은 언덕 위에 있어 온천욕을 하며 바라보는 숲 경치가 무척 훌륭하다. 쳉헤르에 있는 온천 중 한 번에 가장 많은 인원을 수용할 수 있다. 샤워 시설 및 편의시설을 잘 갖추었고 레스토랑의 규모 또한 상당히 크다.

📞 +976-8963-9997
🌐 47.322389, 101.655926

3 시벳 만항 온천 캠프 Shiveet Mankhan Hot Spring Camp Шивээт Манхан жуулчны бааз

몽골 초원에서 가장 많이 볼 수 있는 풀 '참나래새'
의 언덕이라는 뜻을 지닌 리조트 이름과 같이 푸른
언덕 바로 아래에 자리한다. 중앙의 2층 단독 건물에
실내 객실이 있고, 다양한 인원을 수용할 수 있는 전
통 게르를 제공한다. 넓은 규모를 자랑하는 두 개의
온천 수영장을 보유하고 있다.

📞 +976-8910-0889 ◉ 47.321664, 101.657127

4 알탄 노탁 투어리스트 캠프 Altan Nutag Tourist Camp Алтан нутаг жуулчны бааз

오랜 시간 쳉헤르 온천에 거주하던 어머니와 아들이
설립한 여행자 캠프. 최대 80명을 수용할 수 있는 게
르와 독채 통나무집을 갖추고 있다. 네 개의 온천 풀
을 이용할 수 있고, 샤워 시설이 청결한 편이다. 사우
나와 노래방도 있으니 이용을 원한다면 관리 사무소
에 문의해보자.

📞 +976-8845-0478 ◉ 47.318700, 101.650564

5 쳉헤르 지구르 캠프 Tsenkher Jiguur camp Цэнхэр Жигүүр жуулчны бааз

쳉헤르 지역에서 약 27년 동안 운영된 온천 게르 캠
프. 쳉헤르 지역에 뿌리를 내리고 오랫동안 운영되
어 편의시설이나 샤워 시설은 다소 부족하다. 하지
만 '쳉헤르 옆'이라는 캠프 이름처럼 온천 근원지에
서 가장 가까워 상대적으로 후끈하게 온천욕을 즐
길 수 있다.

📞 +976-9907-9570 ◉ 47.319376, 101.654813

> **TIP**
> ### 미네랄 온천 체험 시 주의할 점
> 물이 매우 뜨겁기 때문에 고혈압 및 심혈관 질환자, 임산부, 수
> 술 받은 지 얼마 안 된 사람이나 상처가 있는 사람은 온천 입수
> 자제를 권한다. 또한 은으로 만든 액세서리는 화학작용으로 색
> 이 변할 수 있으니 온천욕 시 착용하지 않는 것이 좋다.

어르헝 폭포 Orkhon Waterfall Орхоны Хүрхрээ

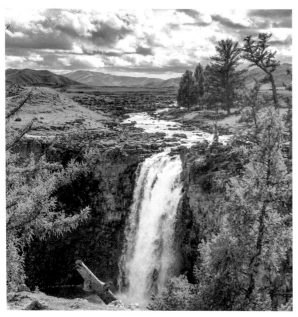

높이가 23미터에 달하는 어르헝 폭포는 몽골에서 가장 큰 폭포다. 폭포는 몽골에서 최장 길이를 자랑하는 어르헝 강에서 발원한다. 약 2만 년 전에 화산 폭발로 만들어져 현지인에게는 '붉은 폭포'라고도 불린다. 폭포는 여름 장마철에만 흐르기 때문에 아름다운 물줄기를 감상하기에 가장 좋은 시기는 7월 말부터 8월이다. 여름철에도 물은 얼음장 같이 차다. 울퉁불퉁한 화산암과 바위들이 많은 길을 통과해야 도착할 수 있어 가는 길이 고생스럽지만, 주변의 아름다운 풍경을 보면 그만한 가치가 있다고 느낀다. 폭포를 배경 삼아 승마 체험도 할 수 있다.

🏃 하르허링에서 약 차로 4시간(120km)
📷 46.787546, 101.960169

촐로트 협곡 Chuluut Valley Чулуутын хавцал

항가이 산맥의 정기를 머금고 415킬로미터를 흘러가는 촐로트강은 약 100킬로미터 동안 가파른 협곡을 통과한다. 협곡의 깊이는 평균 20미터이며 최대 80미터까지 상당히 깊다. 협곡은 호르고 화산과 주변의 화산 작용으로 인해 만들어졌으며, 마그마가 분출되어 생성된 현무암으로 현재와 같은 지형이 형성되어 색이 어둡다. 협곡 아래로 흐르는 강은 11월부터 4월까지 얼어 있기 때문에 여름철에 방문하는 것이 좋다. 특히 테르힝 차강 호수로 가는 길목을 따라 흐르는 협곡은 주변 경관이 아름다워 많은 여행자들이 이곳에서 기념사진을 촬영하며 잠시 쉬어간다.

🏃 체체를렉에서 차로 약 2시간 30분(130km)
📷 48.128149, 100.278233

11 걸어서 오를 수 있는 화산 분화구

호르고 화산 Khorgo Mountain Хорго Уул

아르항가이 지방의 타리아트 마을(Тариат сум) 서쪽 해발 2,240미터에 위치한 휴화산이다. 마지막 용암 분출은 약 8천여 년 전으로, 몽골의 휴화산 중 가장 마지막까지 숨 쉬던 화산으로 알려져 있다. 휴화산 분화구에 호수는 없지만 추운 계절에는 곳곳에 얼음이 형성되어, 멀리서 보면 산에 흩어져 있는 양떼처럼 보이기도 한다. 분화구 근처에는 수십 개의 종유석 동굴이 자리한다. 활화산을 안고 있는 숲속에서는 시베리아 사슴을 비롯한 야생동물을 볼 수 있다. 화산 등산로 입구 기념품 노점부터 화산 분화구까지는 도보로 약 15분 정도 소요된다.

🚶 체체를렉에서 차로 약 3시간 30분(170km) 📍 48.186619, 99.856839 기념품 노점 48.187703, 99.849039

225

테르힝 차강 호수 Terkhiin Tsagaan Lake   Тэрхийн цагаан нуур

화산이 빚은 보석 같은 담수호. 호르고 화산에서 발생한 용암의 급류가 북쪽과 남쪽의 테르흐강을 차단하여 해발 2,060미터의 테르힝 차강 호수를 형성했다. 호수 길이는 가로 16킬로미터, 세로 6킬로미터, 깊이는 20미터에 달한다. 호수에는 잉어와 철갑상어 등 20종이 넘는 물고기가 살고, 호수 한가운데 있는 작은 섬은 거위나 기러기, 철새들에게 쉼터를 제공한다. 호수 주변으로 여행자 게르 캠프와 음식점 등이 자리하며, 승마와 낚시 체험은 물론 작은 배에 승선해볼 수도 있다.

🐎 승마 20,000₮, 승선 10,000₮, 낚시 5,000₮   🚶 호르고 화산에서 차로 약 30분 (5km)   📍 48.169120, 99.707317

TIP

알고 보면 재미가 두 배!
테르힝 차강 호수에 담긴 두 가지 전설

❶ 테르힝 차강 호수와 작은 섬

이 지역에 한 어머니와 아들이 살았는데, 이들은 작은 우물에서 식수를 떠다 마시곤 했다. 하루는 아들이 물을 마신 후 우물의 덮개를 덮는 것을 깜빡하고 그 옆에서 잠이 들었다. 잠시 후 우물에서 엄청나게 많은 물이 넘쳐흘렀다. 아들이 걱정된 어머니가 '오랑 만달' 산꼭대기 부분을 떼어 우물을 막았다. 그때 쏟아진 물이 호수가 되었고, 산꼭대기 부분은 지금의 호수 중앙에 있는 작은 섬이 되었다고 한다.

❷ 할아버지 바위

과거 부자 아버지와 딸, 가난한 어머니와 아들이 이 지역에 살고 있었다. 이 딸과 아들은 서로 사랑했다. 그러나 부자 아버지는 딸이 재력가와 결혼하길 원해 두 사람의 결혼을 반대했다. 딸은 이뤄질 수 없는 사랑에 슬퍼하며 울다가 호수가 되었고, 아들은 그녀를 만나기 위해 강으로 변했다. 호수로 변한 딸을 두고 떠나지 못한 아버지는 이곳에 남아 지금의 할아버지 바위가 되었다고 한다.

신이데르 마을 Shine-Ider village Шинэ-Идэр

므릉으로 가기 위해 잠시 쉬어가는 작은 마을.
1931년에 찬드만(Чандмань сум)이라는 이
름으로 도시가 설립된 이후에 1956년부터 지
금의 신이데르라는 이름을 가지게 되었다. 약
4,000명 남짓한 인구가 살고 있다. 작은 슈퍼
마켓 서너 개가 있어 간단한 간식거리를 구매
할 수 있다.

🚶 테르힝 차강 호수에서 차로 약 3시간(150km)
🕐 48.948011, 99.535575

므릉 Murun Мөрөн

홉스골 주의 주도. 인구 35,000여 명이 거주하
는 작은 도시이지만 홉스골 호수로 향하는 길
목에 있는 유일한 도시이자 몽골 북부 교통의
중심지다. 호수로 향하는 물줄기와 같은 도시
라서 그런지 므릉은 몽골어로 '개울'을 뜻한다.
도시의 북서쪽에 위치한 므릉 공항을 통해 울
란바토르를 연결하는 정기 항공 노선을 이용
할 수 있다.

🚶 신이데르 마을에서 차로 약 2시간 30분(130km),
울란바토르에서 차로 약 10시간(680km)
🏠 49.637354, 100.160593

> **TIP**
> ### 너밍 홉스골 슈퍼마켓
> **Nomin Khuvsgul Trade Center**
> НОМИН Агуулах Худалдаа
>
> 홉스골 여행자로 언제나 붐비는 만남의 장소.
> 홉스골 가기 전에 있는 마지막 대형마트이므로 물
> 과 식료품 및 생활용품을 넉넉히 구매하자.
>
> 🕐 49.637392, 100.166028

REAL GUIDE

몽골의 푸른 진주
홉스골 호수

푸른 진주를 담은 몽골의 스위스

홉스골 호수 Khovsgol lake Хөвсгөл нуур

아시아에서 두 번째로 면적이 넓은 담수호로 제주도 면적의 1.5배에 달한다. 약 700만 년 전에 형성되었으며, 몽골 전체 담수의 약 70퍼센트를 차지한다. 호수는 해발 3천 미터 이상의 높은 산으로 둘러싸여 있다. 북극에 사는 순록을 만날 수 있는 마을과 여행자 게르 캠프가 즐비한 여행지이기도 하다. 외국인들에게는 '아시아의 스위스'와 '몽골의 푸른 진주'로 유명하지만, 몽골인에게는 '어머니의 바다'로 통한다. 바다가 없는 몽골에서는 물이 매우 귀해 이곳을 생명의 근원으로 생각하고 숭배했다. 홉스골 지역에서 생활하는 차탕족은 과거 전쟁 직전이나 개인 또는 가정에 걱정거리가 생기면 호수의 신에게 제사를 올렸으며, 지금도 고대 주술 의식을 보전하고 있다.

🚶 울란바토르에서 서쪽으로 800km 차로 12~13시간 🌐 50.416198, 100.142572

TIP
홉스골의 날씨

6월 중순부터 8월 중순까지가 여행을 즐기기에 적합하다. 습하지 않고 선선해 피서지로 제격이다. 다만 아침에는 안개가 많이 끼며 소나기 등 날씨 변덕이 잦을 수 있고, 일교차가 심해 밤에는 난로를 꼭 피워야 한다. 11월 말에는 호수의 물이 1미터 이상 두께로 꽝꽝 얼어버린다.

여름 날씨

겨울 날씨

01
홉스골을 즐기기 위한 관문
하트갈 마을 Khatgal Village Хатгал тосгон

과거 몽골에서 러시아로 가는 통로였던 홉스골 지역의
중심지. 이 마을 주변은 군사 기지가 있는 요충지였다고
한다. 지금은 많은 여행자가 홉스골 호수를 즐기기 위해
거쳐 가는 관문이 되었다. 마을 동쪽을 둘러싸고 있는 홉
스골 호수에서 유람선과 보트 투어를 할 수 있다.

🚶 므릉에서 차로 약 2시간(100km)
📍 50.440394, 100.160637

02
저렴한 가격에 품질 좋은 기념품이 한가득
홉스골 선착장 기념품점
Souvenir market of Boat dock

소원의 섬으로 가는 보트를 탈 수 있는 선착장 주변으로
기념품 노점들이 모여 있다. 이 지역 주민들의 손때 묻은
희귀한 공예품과 구슬을 엮어 만든 팔찌, 목걸이 등 몽골
표 액세서리를 저렴한 가격에 판매한다.

🚶 하트갈 마을에서 차로 약 10분(3km)
📍 50.460021, 100.174548

03
홉스골의 모든 기를 받아 소원 빌기
소원의 섬(달라인 머던 호이스 섬) Dalain Modon Khuis Island Далайн Модон Хүйс Арал

호수 중앙에 위치한 작은 섬이다. 신비의 돌탑 '어워'에 소원을 빌기 위해 찾는 섬으로 한국인에게는 '소원의 섬'이라고 알
려져 있다. 몽골어 이름은 바다와 같이 넓은 홉스골의 중심 부분에 있다 하여 '바다의 나무배꼽 섬'을 의미한다. 호수 동
쪽 해안에서 약 11킬로미터, 하트갈 마을에서 북쪽으로 60킬로미터 떨어져 있다. 동서로 3킬로미터, 남북으로 2킬로미
터 정도의 작은 섬으로 수면 위로 가장 높은 곳은 174미터 정도에 불과하다. 울창한 낙엽수림으로 덮여 있는 무인도로,
이전에는 이곳에 불교 사원이 존재했지만 1986년에 화재로 파괴되었다.

🚶 하트갈에서 보트로 약 30분(60km) 📍 50.976681, 100.506549

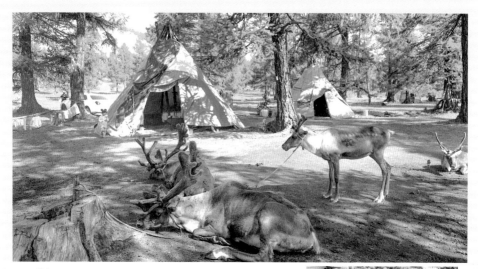

— 04 —
순록과 함께 혹독한 추위를 나는 사람들
차탕족 순록 마을 Tsaatan Village Цаатан тосгон

차탕은 몽골어로 '순록을 치는 사람들'을 의미한다. 영하 30도 내외의 고산
지대 타이가 지역에서 순록 유목 생활과 사냥, 주술 의식을 그대로 보존하며
살아가는 약 200여 명의 소수 민족이 바로 차탕족이다. 이들은 주로 차강노
르 솜(Цагааннуур сум) 지역에 흩어져 살고 있으며, 일부는 생계를 유지
하기 위해 여름철 홉스골 근처에 작은 순록 마을을 만들어 지낸다. 작은 순
록 마을에서는 전통 움집(Урц, 오르츠)을 짓고 전통 음식과 순록의 우유로
만든 차를 판매하거나 기념품과 공예품을 판매한다.

🚶 작은 순록 마을 하트갈에서 차로 약 30분(20km), 원주민 마을 하트갈에서 차로 약
6시간(300km) 📷 사진촬영 3,000₮ 📍 미니 순록 마을 50.566528, 100.126497

— 05 —
신에게 바치는 제물
하늘의 13개의 어워 Азын тэнгэрийн 13 овоо мину

몽골에서 여행을 하다보면 돌로 쌓은 탑을 쉽게 만날 수
있다. 이런 돌탑을 몽골어로 '어워'라고 한다. 어워를 만나
면 멈춰서 예를 갖추는 것이 몽골의 전통이다. 특히 언덕이
나 산의 정상 또는 신성시 여기는 장소에 있는 어워를 몽
골인들은 신에게 바치는 제물을 모으는 곳이라고 생각해
돈을 놓거나 술이나 우유를 뿌리기도 한다. 몽골 전통 방
식으로 수호신에게 기도를 드리는 방법은 어워의 주변을
시계 방향으로 세 번 돌고, 돌 조각 하나를 던지며 소원을
비는 것이다.

🚶 하트갈에서 차로 약 30분(20km) 📍 50.567329, 100.128585

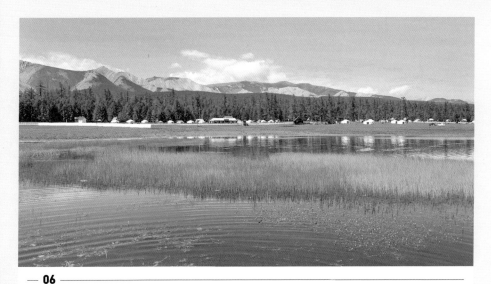

06
여행자들을 위한 마을
장하이 Jankhai Жанхай

다양한 수중 액티비티가 집결한 홉스골 투어의 최종 목적지라고 할 수 있다. 호수를 따라 수십 곳의 여행자 게르 캠프가 늘어서 있는 마을로, 광활한 홉스골 호수를 바라보며 초원을 거닐고, 승마 체험을 하는 것만으로도 힐링이 된다. 캠프 주인에게 요청하면 레저용 사륜차 ATV도 대여할 수 있으니 맑은 공기를 가르며 마을 구석구석을 둘러보자.

🏃 하트갈에서 차로 약 40분(25km)   📍 50.595654, 100.186669

장하이 추천 캠프 BEST 6

몽골 최초의 스쿠버 다이빙 센터
그레이트 씨 리조트 Great Sea Resort
📞 +976 9910 8268
📍 50.579569, 100.164792

옛 궁전 같은 주황색 지붕이 인상적인
올림프 캠프 Olymp Camp
📞 +976-8860-5500
📍 50.593582, 100.185003

캠프 내 노래방 시설을 갖춘
바양 달라이 캠프 Bayan Dalai Camp
📞 +976-9514-0704
📍 50.596706, 100.190946

한국어가 능숙한 주인이 운영하는
미쉘 캠프 Misheel Camp
📞 +976-9998-1422
📍 50.604006, 100.196575

영롱한 노란색 빛깔 게르의 재발견
히베스택 캠프 Hirvesteg Camp
📞 +976-9912-7820
📍 50.681970, 100.242724

차탕족의 오르츠 게르 체험
아트 88 리조트 Art88 Resort
📞 +976-8859-8888
📍 50.678435, 100.238218

— 07 —
홉스골을 한눈에 볼 수 있는 최고의 명소
초초산 트레킹 코스
ChoCho Mountain Чөчүү Уул

호리달 사리닥(Хорьдол Сарьдаг) 국립공원에 위
치한 산이다. 몽골어로 '고집이 센 산'을 뜻하는 만큼
오르면 오를수록 길이 호락호락하지 않다. 하지만 고
생한 만큼 잊지 못할 풍경을 선물한다. 초초산 정상
은 홉스골을 한눈에 담을 수 있는 숨겨진 명소로, 날
씨가 좋은 날에는 홉스골 호수 건너편 러시아 국경까
지 보인다. 산 정상까지 걷는 트레킹 코스는 왕복 세
시간 정도가 소요되며, 여름철에는 뜨거운 햇볕이 내
리쬐어 덥기도 하고 체력이 많이 소모되니 생수와 간
식거리를 넉넉히 챙기자.

🏃 장하이 마을 입구에서 차로 비포장 도로 30분(약 20km)
📍 초초산 입구 50.750651, 100.228748 초초산 정상
50.769889, 100.199648

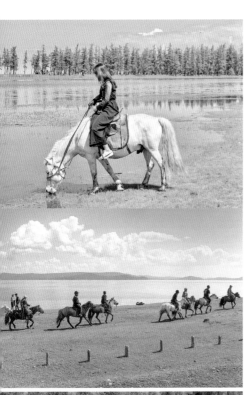

홉스골을 온몸으로 즐기는
승마·ATV·수중 액티비티 체험

아름다운 홉스골 호수를 배경으로 초보자도 쉽게
체험할 수 있는 액티비티를 알아보자.

승마 체험

유목민의 나라 몽골에 발을 들였다면 승마는 꼭 한 번 경험해보
아야 한다. 여행자가 타는 말은 온순하게 훈련되어 있고, 승마 가
이드가 동행하므로 경험이 없더라도 어렵지 않다. 비용도 한 시간
에 20,000투그릭 정도로 저렴하다.

① 말에 오를 때는 왼쪽 발고리를 먼저 걸고 반대편 발을 건다.
② 뒷발로 공격을 당할 수 있으므로 말 뒤편에 서는 것은 절대 안
   된다.
③ 방향을 바꿀 때는 원하는 방향으로 목줄을 힘차게 당기자.
④ 속도를 낼 때는 '추'라고 큰소리로 외치며 말을 달리게 하고, 말
   이 너무 빨리 달리면 말의 배 부분을 발로 차서 속도를 늦춘다.

ATV 체험

시원한 바람을 가르며 드넓은 홉스골 지역을 둘러보기에 좋다. 조
작 방법이 간단해 운전을 해본 경험이 없는 초보자도 이용할 수
있다. ATV를 보유하고 있는 캠프에서는 관리 사무소에 문의하면
한 시간에 50,000투그릭 내외의 비용으로 체험 가능하다.

① 직진을 할 때는 엑셀을 밟고, 멈출 때는 브레이크를 밟는다.
② 속도는 손잡이 부분을 돌리며 조작한다. 기기가 노후된 경우
   가 많다. 기어는 1단부터 3단까지 있는데 3단까지 올리면 체인
   이 빠지거나 배기통이 빠지는 사고가 있을 수 있으니 2단에 맞
   추는 것이 가장 좋다.
③ 중간에 기름이 떨어졌거나 문제가 생겼을 때 바로 연락할 수
   있는 비상 연락처를 꼭 알아둬야 한다.

수중 액티비티

장하이 선착장에서 2만 투그릭 내외로 전동 보트나 통통배 체험
을 할 수 있다. 1회 탑승 시 왕복 10~20킬로미터 거리를 이동한
다. 안전에 대비해 구명조끼 착용을 꼭 잊지 말자. 스쿠버 다이빙
은 몽골 최초의 스쿠버 다이빙 센터 그레이트 씨 리조트 P.231로 문
의하자.

◎ 선착장 50.590201, 100.178630

오랑 터거 화산 Uran togoo mountain Уран Togoo Уул

붉은 화산재로 뒤덮은 휴화산으로 해발 1,686미터에
이른다. 화산 활동은 약 2만 년 전에 멈췄다고 알려져
있다. 숲으로 둘러싸인 분화구에는 약 20미터, 깊이
가 1.5미터인 원형 호수가 있다. 오랑 터거는 몽골어
로 큰 냄비 모양으로 빚은 산을 의미한다. 다양한 희
귀 야생동물이 살고 있는 특수 자연보호지역이다.

🚶 홉스골에서 차로 약 8시간(440km)
📍 48.997110, 102.735523

아이락 시장 Airag market Айрагны зах

홉스골에서 수도로 돌아가는 길목에서 유목민이 직
접 만든 마유주와 돌탑처럼 쌓인 우유과자 '아롤'을
맛볼 수 있다. 아이락(마유주)은 말젖을 말린 말가죽
에 넣어 발효시킨 도수 2~3도 정도의 술로 새콤한 맛
이 특징이다. 비타민 C와 영양이 풍부해 어린이도 즐
겨 마시지만, 몽골 유제품에 내성이 부족한 한국인이
많이 마시면 설사를 할 수 있으니 주의하자.

🚶 홉스골에서 차로 약 8시간(460km)
📍 48.948048, 103.047515

에르데넷 Erdenet Эрдэнэт

한식당을 포함한 식당과 호텔, 대형마트가 있는 몽골
제2의 도시. 몽골 북부의 관광 명소를 거쳐 가는 도중
에 들러 지친 체력을 재충전하는 장소. 몽골 경제의
핵심적인 도시로 에르데넷은 몽골어로 '보물'을 뜻한
다. 1974년 이곳에 구리 채굴 공장이 처음 설립된 것
을 계기로 도시가 건설되었다. 지금도 에르데넷은 몽
골의 총 광물 수출액 가운데 절반가량을 차지한다.

🚶 홉스골에서 차로 약 8시간(500km) 울란바토르에서 차로
약 7시간(400km) 📍 49.025941, 104.035951 버스터미널
49.032609, 104.060005 기차역 49.060089, 104.164332

아마르바야스갈란트 사원 Amarbayasgalant Monastery Амарбаясгалант хийд

몽골 불교의 생불 자나바자르에게 헌정하는 사원. 1725년 청나라 황제에 의해 세워졌고 1779년 자나바자르의 미라가 안치되었다. 한 승려가 사원을 짓기 전에 이곳에서 처음으로 만난 소년과 소녀 두 명의 이름을 합해 사원의 이름을 지었다고 전해진다. 아마르(A мар)는 '편안한'이라는 뜻을, 바야스갈란트(баясгалант)는 '행복이 가득한'이라는 뜻을 지닌다. 과거에는 40개가 넘는 전각, 50개가 넘는 법당과 6,000여 명 이상의 승려가 있는 종교의 중심지였으나, 공산주의 정권에 의해 사원 일부가 파괴되었다. 지금은 복구 작업을 거쳐 28개의 건물과 30여 명의 승려가 있다. 사원 중앙의 대웅전 안에서 백팔번뇌를 상징하는 108개의 기둥과 226권의 불교 경전을 볼 수 있다. 매일 아침 10시에는 이곳에서 예불을 진행하며 일반인도 참관 가능하다.

🚶 에르데네트에서 차로 약 3시간(100km) 📍 49.480158, 105.085222

TIP
사원 뒷편 언덕을 수놓은 두 계단

자링 하쇼르(Жаргун хашор) 불탑
현지인들에게는 '약속을 잃은 탑(Ам алдсан, 암 알드산)'이라고도 불린다. 사원 뒤의 왼쪽 언덕에는 큰 두 눈이 달려 있는 높이 13미터 황금색 불탑이 있다. 예로부터 몽골인들은 이 눈을 바라보고 예불을 드리면 죄가 씻긴다고 믿었다. 불탑 중심으로 파란머리의 불상과 호르뜨가 둘러싸고 있으며 불상을 자세히 보면 표정과 손의 모양이 모두 다르다.

불교 승려 황금 불상
불탑의 오른쪽 언덕에는 13미터 높이의 불교 승려와 그의 제자 둘의 불상이 자리한다. 계단은 108개로 이뤄져 있고, 중간에 세 번 발길을 멈추게 하는 거대한 호르뜨(마니차)가 있다. 계단을 하나씩 오르며 이루고 싶은 소원도 빌고, 꼭대기에서 사원의 전경을 한눈에 담아보자.

CHAPTER
05

황금독수리의 땅
몽골 서부
(타왕복드)

#사막의오아시스 #황금독수리
#만년설산 #빙하트레킹

서부 지역은 만년설로 유명한 알타이산맥과
광활한 호수, 푸른 초원, 사막을 모두 만날 수
있는 황홀경이다. 주로 산악 지대와 평원이
어우러져 있고 서쪽으로는 카자흐스탄과 국
경을 접해, 몽골에서도 단연 이국적인 색채
가 강하다. 특히 유명 관광지 주변으로 여행
자 캠프가 가득한 풍경이 아니라 오지에 위치
하기 때문에 몽골의 원초적 자연을 체험할 수
있는 매력적인 관광지이기도 하다. 4,000m
가 넘는 알타이산맥의 봉우리까지 이어진 빙
하 위를 걸어보고, 광활한 대자연 속에서 쏟
아지는 은하수를 온몸으로 느낄 수 있는 그
곳, 바로 몽골 서부다.

몽골 서부
상세 지도

러시아

05 햐르가스 호수
바룬 비치 리조트

오르가말

자브항만달

02 울라흐치 하르 호수

모하르트강 03 04 센지트 암석

01
자브항

울리아스타이

울리아스타이 도노이 공항

대중교통을 이용해
가는 방법

수도 울란바토르에서 몽골 서부의 주요 도시까지는 육로로 최소 1,000km 이상 장거리를 이동해야 한다. 따라서 한정적인 시간을 효율적으로 이용하려면 항공편을 이용하는 편이 가장 편리하다. 그러나 항공편은 성수기인 여름에만 집중되어 있고 그 외에는 부정기적이므로, 시간 여유를 가지고 버스나 푸르공을 대절하여 이동해야 한다.

1 울리아스타이 도노이 공항 Uliastai Donoi Airport Улиастай Нисэх Буудал

자브항에서 서부 여행을 시작하려면 자브항의 주도 울리아스타이로 이동해야 한다. 칭기즈칸 국제공항 P.104에서 울리아스타이 도노이 공항까지 성수기 기준으로 주 3회 항공편이 있으며, 소요 시간은 2시간 30분이다. 요금은 왕복 30~40만 투그릭. 초원 위에 위치하여 공항 내 인터넷이 잘 연결되지 않으므로, 현지 여행사와 접촉 시에 미팅 예정 시간을 꼭 사전에 정해두자.

📍 47.711364185497715, 96.52667282507636

2 울기 공항 Olgii Airport Өлгий Нисэх Буудал

울란바토르에서 울기까지 거리는 약 1,700km로, 항공편이 가장 빠르고 합리적인 이동 방법이다. 소형 항공기로 운항되지만 이용하는 여행객이 많아 좌석이 빨리 마감될 수 있으니 공식 홈페이지를 통해 꼭 미리 예약하는 것을 추천한다. 성수기 기준으로 주 3회 운행, 소요 시간은 3시간 30분이며, 왕복 50만 투그릭 내외.

📍 48.991625, 89.919601

3 울기 시외버스 터미널 Olgii Bus Terminal Өлгий автовокзал

울란바토르에서 울기까지 가는 시외버스는 주 2~3회 운행하며 36시간에서 48시간 정도 소요된다. 날씨와 도로 상태에 따라, 또 성수기와 비성수기에 따라 달라질 수 있으므로 현지에서 꼭 확인해야 한다. 시외버스 요금은 약 18만 투그릭. 중간중간 쉬는 시간에 작은 식당에서 식사를 해결할 수 있지만, 간식과 물은 미리 준비해야 한다.

📍 48.951291, 89.963960

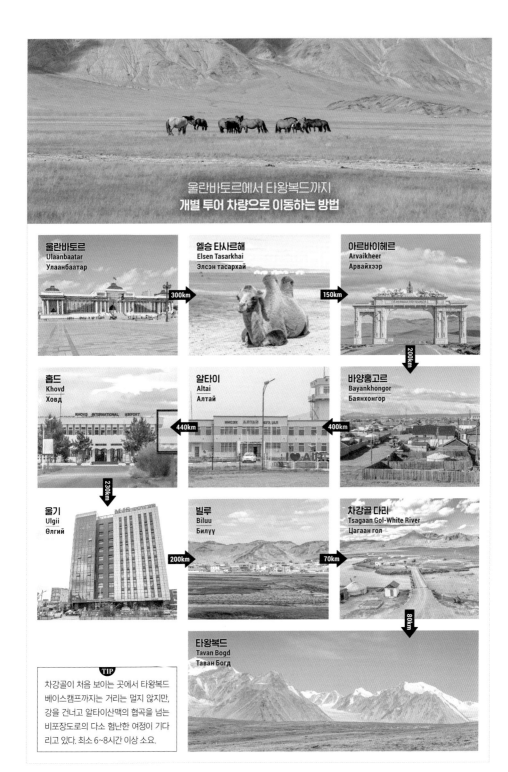

울란바토르에서 타왕복드까지
개별 투어 차량으로 이동하는 방법

울란바토르
Ulaanbaatar
Улаанбаатар

300km →

엘승 타사르해
Elsen Tasarkhai
Элсэн тасархай

150km →

아르바이헤르
Arvaikheer
Арвайхээр

↓ 200km

홉드
Khovd
Ховд

← 440km

알타이
Altai
Алтай

← 400km

바양홍고르
Bayankhongor
Баянхонгор

↓ 230km

울기
Ulgii
Өлгий

200km →

빌루
Biluu
Билүү

70km →

차강골 다리
Tsagaan Gol-White River
Цагаан гол

↓ 80km

타왕복드
Tavan Bogd
Таван Богд

TIP

차강골이 처음 보이는 곳에서 타왕복드 베이스캠프까지는 거리는 멀지 않지만, 강을 건너고 알타이산맥의 협곡을 넘는 비포장도로의 다소 험난한 여정이 기다리고 있다. 최소 6~8시간 이상 소요.

사막 속의 오아시스를 찾아서
자브항 일주일 추천 코스

사막이 품은 진주 '울라흐치 하르 호수'부터 새하얀 소금 호수 '햐르가스 호수'까지!
몽골 자브항주가 품은 보석 같은 장소들을 여유롭게 둘러보는 일주일 코스

─ 자브항 일주일 코스 일정 ─

DAY 1

울란바토르 ▷▷▷ 울리아스타이 공항
1시간 25분 (800km)

울리아스타이 ▷▷▷ 울라흐치 하르 호수
3시간 (180km)

👍 모래썰매, 트레킹, 피크닉

DAY 2

울라흐치 하르 호수 ▷▷▷ 센지트 암석
2시간 (오프로드 20km)

센지트 암석 ▷▷▷ 모하르트르강
2시간 (오프로드 20km)

👍 모래강 트레킹

DAY 3

모하르트르강 ▷▷▷ 자브항만달
2시간 (100km)

👍 낙타 타기

DAY 4-5

자브항만달 ▷▷▷ 햐르가스 호수
6시간 (200km)

👍 수영 및 수상활동

DAY 6

햐르가스 호수 ▷▷▷ 홉드
7시간 (300km)

👍 풍경 감상하며 이동

DAY 7

홉드 공항 ▷▷▷ 울란바토르

🅣🅘🅟 몽골 서부 여행에서 주의할 점

울기와 같은 큰 도시를 제외하면 대부분의 몽골 서부 지역은 다른 지역의 붐비는 관광지에 비해 로컬 분위기가 강하다. 일정에 따라 문을 연 식당을 찾기 힘들 수 있고, 특히 여행 첫날에는 장 보기 어려울 수 있으니 출발 전에 칭기즈칸 국제공항 1층 슈퍼마켓에서 장을 보면 조금 더 수월하다.

몽골인에게도 꿈만 같은 여행
타왕복드 일주일 추천 코스

카자흐 민족의 문화가 깃든 이국적인 도시인 바양울기의 주도 울기에서 시작하는 여행,
수도에 사는 몽골 현지인들도 한번 꼭 가보고 싶다는 타왕복드까지의 여정

─── 타왕복드 일주일 코스 일정 ───

DAY 1
울란바토르 ▷▷▷ 울기 공항
3시간 30분 (1,700km)
👍 울기 도시 구경

DAY 2
울기 ▷▷▷ 빌루 마을
2시간 (70km)
빌루 마을 ▷▷▷ 차강골 캠프
3시간 이상 (오프로드 80km)
👍 게르체험, 강 따라 트레킹

DAY 3
차강골 캠프 ▷▷▷ 타왕복드 입구
3시간 이상 (40km)
👍 강 따라 트레킹, 은하수 감상

DAY 4
타왕복드 입구 ▷▷▷ 포타닌 빙하
1시간 (20km)
👍 승마, 낙타 타기, 빙하 트레킹

DAY 5
타왕복드 ▷▷▷ 시벳 카이르칸산
1시간 (40km)
시벳 카이르칸산 ▷▷▷ 차강골 캠프
2시간 (20km)
👍 암각화 감상, 트레킹, 게르 체험

DAY 6
차강골 캠프 ▷▷▷ 울기
4~5시간 (150km)
👍 도심에서 휴식

DAY 7
울기 공항 ▷▷▷ 울란바토르

🅣🅘🅟
시간적 여유가 있는 여행자라면
서부 지역의 매력을 일주일 만에 모두 느끼기에는 너무 짧을지도
모른다. 시간적 여유가 있는 여행자라면, 자브항 코스에 타왕복드
코스를 더한 2주 코스를 추천한다. 이때 여행 7일 차에 홉드에서
울기(약 3시간 소요, 230km)로 이동해 여행을 이어가면 된다.

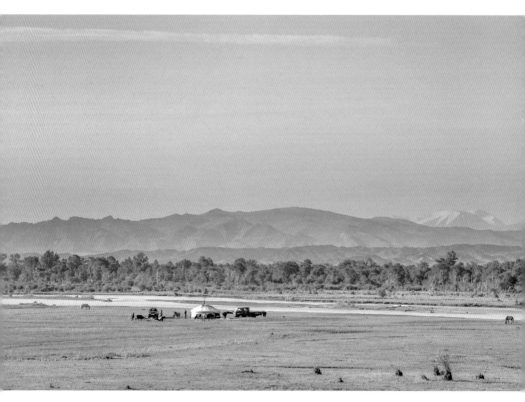

01   몽골의 서쪽 지붕으로 향하는 관문

자브항 Zavkhan Завхан

자브항주(아이막)는 해발 약 2,000m에서 3,000m 사이에 형성된 몽골 중서부 고산지대에 위치한다. 자브항은 오랜 역사 동안 주로 투르크계와 몽골계 민족의 터전이었다. 특히 몽골 제국의 영토 확장과 관련된 중요한 경로였던 곳 중 하나로, 당시 유목민들의 생활과 이동 방식이 지금까지도 명맥을 잇고 있다. 몽골고원과 알타이산맥의 영향을 받은 독특한 지형과 풍부한 역사적 유산으로 다채로운 명소들이 가득하다.

🚶 울란바토르에서 약 2일 소요(1,150km)   📍 48.239780, 96.070210

자브항주의 주요 도시 소개

몽골 서부 여행의 시작점
울리아스타이 Uliastai Улиастай

1733년에 세워진 오래된 도시 중 하나로, 자브항주의 주도이다. 몽골 서부 유목민의 문화를 접할 수 있는 작은 박물관과 기념품을 구매할 수 있는 전통시장이 있다. 인근에 공항이 있어 울란바토르 등에서 접근하기 용이하다.

◎ 47.727711, 96.846122

몽골 서부

거대한 황금빛 사막이 품고 있는
자브항만달 Zavkhanmandal Завханмандал

몽골 서부의 광활한 황금빛 사막과 초원이 만나는 그림 같은 풍경을 배경으로 자리 잡은 마을이다. 오브스로 향하는 길목에 있어 주유를 위해 한 번은 꼭 방문하게 되는 지점으로, 맑은 밤하늘에서 쏟아지는 별빛을 관찰하기 가장 좋은 곳이다.

◎ 48.324241, 95.109238

자브항에서 오브스로 향하는 관문
오르가말 Urgamal Ургамал

자브항주 서쪽 끝에 위치한 마지막 도시로 오브스 주로 향하는 마지막 관문 역할을 하기에, 대부분 이곳에서 식사와 휴식을 즐긴 후 재정비를 한다. 오르가말에서 자브항으로 넘어가는 길의 풍경은 몽골에서도 가장 아름답다고 손꼽힌다.

◎ 48.511448, 94.292055

울라흐치 하르 호수
Ulaagchiin Khar Lake Улаагчийн хар нуур

한 장면에 초원과 사막, 그리고 끝없는 호수가 공존하는 이색적인 장관을 펼친다. 해발 약 2,000m에 자리한 이 호수는 길이 30km, 넓이 10km, 깊이 48m로 그 규모가 매우 크다. 호수 이름인 '울라흐치 하르'는 '울라흐치의 검은 호수'라는 뜻으로, 물이 깊은 데다 호수 바닥이 어두운 흙과 암석으로 이루어져 짙고 어두운 물빛을 띄는 것이 특징이다. 주변에 초원과 사막이 공존하는 독특한 풍경이 어우러져 특히 일출과 일몰 시간대에 멋진 풍경을 감상할 수 있다. 유목민들은 하르 호수 주변의 큰 모래언덕을 '샤나(Шана)'라고 부르기도 한다. 특정 각도에서 볼 때, 마치 사람의 얼굴 윤곽, 특히 광대뼈처럼 보이기 때문이다.

🚶 울리아스타이에서 차로 약 3시간(180km)
🌐 48.323539, 96.131462

03 모래 위로 흐르는 초콜릿 빛깔의 물줄기

모하르트강 Mukhart river Мухартын гол

해발 약 1,600m의 사막과 초원 사이를 가로지르며 형성된 강으로,
마치 아프리카의 늪지대 같은 이색적인 풍경이 특징이다. 사막 한가
운데에 지하수가 솟아올라 생성된 천연 샘부터 시작해, 모래언덕을
따라 사막을 가로질러 흐른다. 겉모습은 진흙처럼 보이지만 실제로
는 모래 속에서 올라오는 물이 맑고 차가워 여름에도 선선하게 그
위를 맨발로 걸어볼 수도 있다. 자연보호구역으로 지정되어 있으며,
강에서 약 1km 정도 떨어진 주차장에서 야영도 가능하다.

🚶 울라흐치 하르 호수에서 차로 약 4시간(40km) 📍 48.210300, 95.944469

247

센지트 암석 **Senjit khad** Сэнжит хад

고비 사막에서 오는 거센 바람으로 형성된 터널 모양의 바위이다. 몽골어로는 '손잡이'라는 뜻인데, 커다란 바위의 중간에 구멍이 뚫려 언뜻 큰 손잡이 같은 모양이다. 몽골인들은 이 바위를 하늘의 문이라고 부르며, 신성한 장소로 여기고 주술 의식을 행하기도 한다. 센지트 암석의 독특한 아치형 구조는 바람과 비에 의해 침식되어 형성되었는데, 일부 지질학자들은 이 바위가 약 수백만 년 전부터 형성되었으며, 몽골의 고대 지형 변화와 관련이 있는 퇴적암층으로 이루어졌다고 보고 있다. 그 크기와 형태로 인해 일종의 자연기념비로 여겨지며, 특히 아치형의 바위 틈은 사진 촬영 명소로 인기가 높다.

🚶 울라흐치 하르 호수에서 차로 약 2시간(20km)
🌐 48.215311, 96.149333

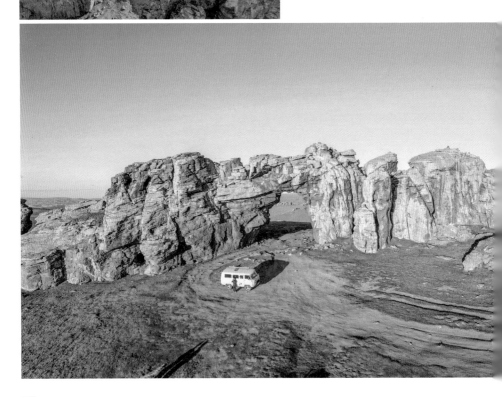

햐르가스 호수 Khyargas Lake Хяргас Нуур

우브스 주에서도 해발 약 1,035m에 자리하는 소금 호수로, 몽골에서 염분 농도가 높은 호수 중 하나로 유명하다. 이 호수는 넓은 면적과 푸른 물빛을 자랑하며, 탄산수소나트륨 성분 때문에 약간 짠맛이 나고 바위 색이 흰색을 띤다. 수면 위로 머리를 빼꼼 내민 헤초 하드(Хэцүү хад)는 각지에서 모여든 철새들이 잠깐 들렀다 가는 쉼터이기도 하다. 호수 주변에는 하얀 소금 결정이 반짝이는 사막 지형이 펼쳐져 있어 이국적인 분위기를 자아낸다.

🚶 자브항만달에서 차로 약 6시간(200km)
📍 49.100800, 93.289270

햐르가스 대표 여행자 캠프
바룬 비치 리조트 Baruun Beach Resort

햐르가스 호수의 아름다운 풍경을 감상할 수 있는 인기 리조트로, 몽골의 전통 요소를 반영한 디자인이 특징이다. 객실은 몽골 게르와 통나무집 객실 중에서 선택할 수 있으며, 레스토랑에서는 호수에서 잡힌 생선을 활용한 요리와 간단한 몽골 전통 요리를 즐길 수도 있다. 사계절 중 단 여름철 성수기에만 예약과 이용이 가능하다는 점은 참고하자.

📍 49.025973, 93.458940

울기 Ulgii Өлгий

몽골 서부 바양울기주의 주도로, 해발 약 1,710m에 위치한다. 일반적으로 몽골 불교
가 아닌 이슬람교 문화권에 있어, 다른 도시와는 다른 이국적인 분위기를 느낄 수 있
다. 울기 지역의 주민 대부분은 카자흐족이며, 사용하는 언어도 다르다. 매년 가을에
열리는 독수리 축제(Eagle Festival)로 유명한 도시로 전통 독수리 사냥의 기예를 구
경할 수 있으며, 관광객들은 카자흐족과의 교류를 통해 전통 의상, 음악, 음식 문화를
체험할 수 있다.

🏃 울란바토르에서 약 2일 소요(1,700km) 📍 48.970664, 89.967857

바양울기주의 심장부

바양울기 센트럴 스퀘어 Bayan-Ulgii central square

주민들이 모여 행사를 즐기고 휴식을 취하는 장소로, 현지인의 일상을 공유할 수 있는 곳이다. 광장 주변으로 공공기관과 상점들이 자리 잡고 있으며, 카자흐족 전통의상과 수공예품을 판매하는 가판대를 쉽게 만나볼 수 있다. 축제 기간에는 이곳에서 전통 공연과 문화 행사가 열려 카자흐족의 민속 음악과 춤을 감상할 수 있다.

🚶 울기 시외버스 터미널에서 차로 약 7분(2.8km) 📍 48.968469, 89.968901

몽골 서부

울기 지역의 대표적인 전통 시장

울기 블랙 마켓 Black Market in Ulgii

다양한 현지 생활용품과 수공예품, 의류, 신선 식품 등을 판매하는 시장. 수작업으로 만든 카펫, 카자흐족의 전통의상과 소품도 구매할 수 있으며 현지인의 생활상을 가까이서 만날 수 있어 외국인 관광객에게 특히 인기가 많다.

🚶 바양울기 센트럴 스퀘어에서 도보 10분(700m)
📍 48.970010, 89.972203

고된 여행 중 만난 고마운 친구
울기 대중 샤워장 Рахат Халуун ус

따뜻한 온수 목욕으로 피로를 풀 수 있는 시내 중심부의 목욕탕이다. 한국의 대중목욕탕과 달리 칸막이로 공간이 나누어져 있어서 프라이빗하게 샤워를 할 수 있고, 매번 목욕이 끝나면 바로 담당자가 신속하게 청소를 해서 비교적 청결하게 관리된다.

🚶 바양울기 센트럴 스퀘어에서 도보 6분(450m)
📍 48.966347, 89.962374

카자흐족의 전통 음식과 유럽 요리의 조화
파무칼레 레스토랑 Pamukkale Restaurant

울기 중심부에 위치한 카자흐 및 터키 요리 전문 레스토랑이다. 깨끗한 현대식 시설에서 전통 요리를 즐길 수 있어서 주로 몽골 서부를 여행하는 외국인 관광객이 즐겨 찾는다. 몽골 전통 요리뿐만 아니라 유럽 요리와 서양식 메뉴들을 두루 맛볼 수 있다.

🚶 바양울기 센트럴 스퀘어에서 도보 5분(400m)
📍 48.969082, 89.965463

울기에서 가장 세련되고 넓은 레스토랑
아르빈 레스토랑 Arvin Restaurant and Coffee shop

울기의 대표적인 레스토랑 겸 커피숍으로, 현지 전통 음식과 다양한 음료를 제공한다. 관광객은 물론 현지인들도 특별한 날에 즐겨 찾는 대표 레스토랑으로, 서부의 현지 분위기를 느끼며 식사를 즐길 수 있는 장소다. 메인 음식부터 커피와 디저트까지 한곳에서 해결하기에 좋다.

🚶 바양울기 센트럴 스퀘어에서 도보 6분(450m)
📍 48.969318, 89.968543

07   새하얀 빛깔의 신비로운 빙하수

차강골 Tsagaan Gol-White River Цагаан гол

몽골 서부 알타이산맥의 고산지대를 따라 흐르는 강으로, 백색의 강바닥이 돋보이는
천연 석회 강이다. '차강골'은 몽골어로 '하얀 강'이라는 뜻을 지니며, 고지대의 빙하가
녹아 흐르는 물이 매우 맑고 차가워, 강바닥이 흰색으로 보이는 것. 강 주변에는 고산
초원이 펼쳐져 있으며, 강을 따라 트레킹을 즐길 수 있는 여러 경로가 있다.

🚶 울기에서 차로 약 3시간(100km)   📍 49.029018, 88.985367

알타이 타왕복드 국립공원 Altai Tavan Bogd Алтай Таван Богд БЦГ

몽골 서부 바양울기주에 위치한 국립공원으로, 알타이산맥의 최고봉인 타왕복드산을 포함하고 있다. 타왕복드는 '다섯 개의 봉우리'라는 뜻으로, 4,374m의 후이뜬(추운 산)을 포함하여 나랑(태양), 을기(땅), 부르게드(독수리), 나이람달(우정)로 구성되어 있다. 해발 4,000m 이상의 높은 산봉우리와 빙하, 호수, 강이 조화를 이루며 대자연의 장관을 이룬다. 또한 몽골과 러시아, 중국의 국경이 만나는 지역으로, 카자흐족 유목민과 함께 독수리 사냥 문화도 체험할 수 있다. 국립공원 내에는 다양한 야생 동물도 서식하고 있으며, 고산지대에서 트레킹과 빙하 탐험, 승마, 게르 체험 등을 할 수 있다.

🚶 울기에서 차로 약 8시간(200km)
📍 49.137836, 87.984387

> 🦅 **TIP**
>
> ## 알타이 타왕복드 국립공원 국경 검문소
>
> 타왕복드 지역은 중국 및 러시아와 국경을 접하고 있기 때문에, 외국인이 입장하기 위해서는 국경 검문소에서 허가를 받아야 한다. 여권 사본, 여행 계획서, 여행자 보험 등을 지참하여 현지 여행사를 통해 사전에 허가증을 미리 신청해 두어야 한다. 울기 도심에서 출발하여 이 검문소까지 약 8시간이 소요된다.
>
> 📍 49.091789, 88.104184

시벳 카이르칸산

Shiveet Khairkhan Шивээт Хайрхан

몽골 서부에 위치한 고산 지대로, 타왕복드산 아래에 자리하고 있다. 해발 약 2,800m에 위치한 이 지역 일대는 고대 암각화로 유명하다. 수백 개에 달하는 암각화는 주로 사냥 장면이나 동물들을 묘사하고 있어, 고대 몽골 유목민들의 생활 방식을 엿볼 수 있다. 주변 풍경이 아름다워 트레킹하기도 좋은 명소다.

🚶 울기에서 차로 약 7시간(170km)
🌐 49.11061, 88.23736

TIP
토와족 Тува ястан

시벳 카이르칸은 산을 신성시하는 샤머니즘 민족인 토와족이 사는 지역이기도 하다. 토와족의 언어는 사투리가 있기에 일반 몽골인도 이해하기 어려울 수 있다.

타왕복드에서 즐길 수 있는 액티비티
트레킹 & 승마

국립공원 내에서 트레킹과 승마를 할 수 있는 주요 지역은 시벳 카이르칸산 근처로, 공원의 입구에 해당하며 고산지대에서 트레킹을 시작하기 좋은 출발점이다. 대부분의 여행자는 현지 가이드와 함께 트레킹을 해야 하기 때문에, 트레킹 시에 사용할 수 있는 필수적인 장비와 적절한 숙소를 제공하는지, 경험이 풍부한 승마 지식을 갖추고 있는 가이드인지 꼭 여행 전 미리 확인할 것을 추천한다.

타왕복드에서 가장 긴 빙하 위를 걷다
포타닌 빙하 Potanin Glacier

타왕복드에는 10개 이상의 빙하가 있는데, 그 중 가장 긴 길이를 자랑하는 빙하다. 1876년경 이 빙하를 처음 발견한 러시아 탐험가 겸 지리학자 그레고리 포타닌의 이름을 따서 부르게 되었다. 수억 년 전 생성된 약 14km의 빙하 위를 걸으며 고요한 설산을 감상하는 순간은 평생 잊을 수 없는 장엄한 경험이 될 것이다.

◉ 49.140168, 87.919957

TIP
타왕복드의 숙소

타왕복드의 여러 여행자 게르 캠프는 주로 차강골 주변에 위치하며, 주로 여행 성수기인 여름에만 운영된다. 이외의 계절에는 강설량이 너무 많고 기온도 매우 낮아 이 지역의 현지인도 아래의 마을에서 머문다.

10　고산 지대에 위치한 보석 같은 호수

톨보 호수 Tolbo Lake Толбо Нуур

홉드주에 위치한 자연 호수로, 해발 약 2,080m에 자리하고 있다. 빙하의 작용으로 형성된
이 호수는 투명한 물과 주변의 산악 지형이 아름답게 어우러져 있으며, 호수 주변의 넓은
평원과 초원은 야영과 낚시에 이상적이다. 특히 여름철에는 호수에서 수영과 카약을 즐길
수 있어 몽골 현지인에게 인기 있는 휴양지로 손꼽힌다.

🚶 울기에서 차로 약 1시간(50km)　📍 48.566810, 90.089466

11　타왕복드 설산이 거울처럼 비치는

호통 호수 Khoton Nuur Хотон Нуур

몽골의 알타이산맥에 위치한 고산 호수로, 해
발 약 2,080m에 있다. 이 호수는 알타이 타왕
복드 국립공원 내에 자리하며, 물이 매우 깨끗
하고 주변에 빙하가 녹아 흐르는 강들이 연결
되어 있어 아름다운 풍경을 자아낸다. 호수 주
변에서는 트레킹과 낚시, 승마 등의 액티비티
를 체험할 수 있으며, 날씨가 좋은 여름에는 캠
핑을 하며 타왕복드 설산 위에 펼쳐지는 은하
수를 감상하기 좋은 장소다.

🚶 울기에서 차로 약 6시간(180km)
📍 48.616241, 88.332653

─── INDEX ───

방문할 계획이거나 들렀던 여행 스폿에 ☑️표시해보세요.

SEE

INDEX

방문할 계획이거나 들렀던 여행 스폿에 ☑표시해보세요.

— INDEX —

방문할 계획이거나 들렀던 여행 스폿에 ☑표시해보세요.

몽골 지역별 구글 지도
QR 코드

울란바토르 전체

울란바토르 중심부

울란바토르 서남부

울란바토르 동부

테렐지 국립공원

몽골 남부(고비 사막)

몽골 중부·북부(홉스골)

몽골 서부(타왕복드)